陸軍登戸研究所の真実

新装版

伴 繁雄 著

芙蓉書房出版

伴繁雄氏と登戸研究所資料館

――『陸軍登戸研究所の真実』再刊に寄せて

渡辺　賢二
（明治大学講師）

陸軍登戸研究所は一九三九年（昭和十四年）に設立された、帝国陸軍所管の研究機関である。神奈川県川崎市生田の約十一万坪という広大な敷地の中で、陸軍中野学校、関東軍情報部、特務機関などと連携して、生物化学兵器、電波兵器、風船爆弾、中国紙幣の偽札などのさまざまな謀略戦兵器を開発した。

秘密戦・謀略戦に深く関わった登戸研究所の全貌は、戦後、多くの人の努力で少しずつ知られるようになった。

登戸研究所の所員だった伴繁雄氏もそうした人々のひとりだった。伴氏は、この研究所で行われたことを後世に伝えるべく、渾身の力を込めて本書を書き上げ、一九九三年（平成五年）に脱稿されたが、その直後に急逝された。

その後、紆余曲折を経て、伴氏の手記『陸軍登戸研究所の真実』は二〇〇一年（平成十三年）、芙蓉書房出版から刊行された。この本は、刊行直後から大きな反響があり、版を重ねていったが、数年前に品切れとなっていた。

登戸研究所があった場所は、現在の明治大学生田キャンパスである。老朽化で大半の建物は取り壊されたが、大学構内には今でも登戸研究所当時の建物や、動物慰霊碑、陸軍の消火栓などの施設が残っている。

明治大学は、二〇一〇年（平成二十二年）三月二十九日、戦争中は登戸研究所第二科の生物化学兵器を研究してきた鉄筋の36号棟を改修し、「登戸研究所資料館」（正式名称は「明治大学平和教育登戸研究所資料館」）を開館した。大学が戦争遺跡を活用して平和ミュージアムを設置した例はこれまでになく、画期的なものであり、平和教育・歴史教育の発信地として注目を集めている。

この資料館開館が話題になるのに合わせて、伴氏の著書の復刊を望む声が出版社に多く寄せられたという。筆者もその一人である。

今回の復刊は、親しみやすいソフトカバーになっており、より多くの人々に登戸研究所を知って頂けるものと思う。

では、開館した登戸研究所資料館の展示について紹介しよう。

明治大学は、資料館の設置趣旨を次のように述べている

登戸研究所（正式名称・第九陸軍技術研究所）は、戦争には必ず存在する『秘密戦』

（防諜・諜報・謀略・宣伝）という側面を担っていた研究所です。そのため、その活動は、戦争の隠された裏面を示しています。

登戸研究所の研究内容やそこで開発された兵器・資材などは、時には人道上あるいは国際法規上、大きな問題を有するものも含まれています。しかし、私たちはこうした戦争の暗部といえる部分を直視し、戦争の本質や戦前の日本軍がおこなってきた諸活動の一端を、冷静に後世に語り継いでいく必要があります。

私たちは、旧登戸研究所の研究施設であったこの建物を保存・活用して「明治大学平和教育登戸研究所資料館」を設立し、この研究所がおこなったことがらを記録にとどめ、大学として歴史教育・平和教育・科学教育の発信地とするとともに、地域社会との連携の場としていくことを目指しています。

二〇一〇年三月

明治大学

そして、この資料館は登戸研究所の全体像を伝えるとともに、戦争と平和について考える場になることを目的に展示をしているところに特徴がある。

まず、入口を入るとレストスペースがある。そこには登戸研究所が活動した時代背景が写真で展示されている。陸軍の用地を示す境界石もある。

第一展示室は、登戸研究所の全体像が概観できるように展示されている。本書でも詳しく紹介されている、登戸研究所が陸軍科学研究所の実験場として開設され、拡充されてきた経過が全体模型を含めわかりやすい。また、本書でも紹介されている登戸研究所の姿を伝える航空写真は戦後、米軍が撮影したものだったが、ここでは、陸軍参謀本部が撮影したものが展示されている。しかも一九三一年から四五年までの変遷がわかるので貴重である。一九四三年に、伴が勤務していた第二科の建物がすべて完成したこともわかる。

第二展示室は、風船爆弾や電波兵器など、主に物理学を活用した兵器の開発をおこなっていた第一科の活動内容が展示されている。特に、風船爆弾の爆弾として登戸研究所ではアメリカの牛を壊滅させるための牛疫ウイルスの開発がおこなわれていたことを述べているが、この内容は本書で詳述しているものが原典となっているのである。

第三展示室は、伴が中心となって活動した第二科の内容が展示されている。ここには、伴の遺族（和子夫人）が提供した陸軍技術有功章賞状や徽章、ストップウオッチなどの資料も展示されていて、秘密戦（防諜・諜報・謀略・宣伝）の兵器をどのように研究・開発・製造していたかがわかる。また、戦後の帝銀事件の警視庁の捜査に協力し、証言した際に、登戸研究所で開発した毒物を用いて中国で自ら人体実験した時の内容も展示されている。「最初は嫌だったが、だんだん趣味になった（薬の効き目がわかるから）」との証言は、伴自身が戦争によって通常の倫理観が失われていったことを示しているものである。登戸研究所では動物実験をおこなっていたが、それでは確実に効き目はわからなかった。ところが、石井四郎などが管轄する防疫給水本部の南京における病院で人体実験することによって、人間への直接的な効力が確認されたのである。これにより、伴の名誉や地位は確固たるものになったのだが、伴の後半生の苦しみにもなったのだと思う。本書の中で、伴は人体実験をはじめて認め、謝罪の気持ちを述べている。第三室の展示を見るとき、本書をあわせて読むと理解が深まると思う。

第四展示室は、中国大陸で展開された経済謀略活動として偽造紙幣を製造していた第三科について展示している。

第五展示室は、本土決戦体制下の登戸研究所と所員の戦後史について展示している。本書でも述べているが、松代大本営移転計画との関係で、登戸研究所の本部や第二科、第四科などは長野県の駒ヶ根市周辺に移動した。そこでおこなっていたことが紹介されている。特に伴の自宅に大量に保管されていた石井式濾過器の濾過筒も展示されている。さらに戦後、米軍の尋問をうけ、資料提供と引き替えに戦犯免責になっていく経緯も紹介されている。さらに長く口を閉ざしていた登戸研究所関係者が「大人には話さないが、高校生には話そう」と、その重い口を開いていく経緯も紹介されている。伴もその一人であったのである。明治大学平和教育登戸研究所資料館は『蘇る登戸研究所――平和への思い』（ＤＶＤ）を作成しているが、その中には高校生に証言する伴の様子も映し出されている。本書とあわせて見て頂きたいものである。

戦後六五年。戦争を知らない世代がふえる一方で、戦時の記憶を語り続ける人は減っている。それだけに、本書を読み、物言わぬ戦争遺跡を活用した資料館で学ぶ意味は大きい。

まえがき

昭和は終焉を告げ、大東亜戦争の焼土の中から不死鳥のようによみがえった日本は、半世紀を経たいま、世界経済の主役の座を占めるに至った。

無数の犠牲者を出し、敗戦に呆然自失した当時の国民の誰一人として、今日の繁栄を予見し得なかったであろう。

戦後のとうとうたる平和と自由の時流の中に戦後世代が増えるにつれ、戦争は次第に風化し、戦争の惨禍を説く語部は少なくなった。

「日本はアメリカと本当に戦争したのか」と真顔で問う若者もいる。その無知を笑う前に、戦争体験者の孫の世代では、戦争はどこか遠い異国での出来事にしか感じられていないことを悟るべきかもしれない。

登戸研究所は、満州事変、日支事変、大東亜戦争を通じ、独創、新規、科学の秘密戦兵器（器材）を研究し実用化して画期的な秘密戦兵器を提供した。戦後、研究者たちは各分野に散って、培った技術や経験をもとに日本の発展に貢献した面も多い。しかしながら研究項目の中には、とくに謀略兵器に関する研究で、非人道的な恐るべきものがあったことも事実であった。

私は、陸軍における秘密兵器の揺籃期より満州事変以後十五年に及ぶ戦争の間、篠田鐐所長の指導のもと、秘密戦兵器研究、秘密戦要員教育機関（中野学校）より一度も他の機関に異動せず勤務した。

戦後、登戸研究所の存在が少しずつ知れるに至り、私は、新聞、テレビ、雑誌の取材を受け、研究所の部分的な研究説明を余儀なくされた。しかし、元来の技術者であり、意を尽せなかった説明から、誤解を受けることもたびたびあった。

私はすでに八十七歳の馬齢を重ね、思考力の衰えは否めないが、記憶を喚び起こし記録として残す気持になったのは、かつての研究所の上司や同僚、部下の方がたが次第に少なくなり、いま、幸いに生を得ているものが、戦争の隠された一断面について、それを正しく伝えることを意義ある使命と思ったからだ。

この思いに駆られ、気負い立って記憶をつづった。また、職場を共にした方がたの力を借りて、登戸研究所の全体像をありのままに描いたつもりだが、文筆をなりわいとする者でなく、出来栄えははなはだ不満足なものになった。

しかし、登戸研究所と共に生き、秘密戦の研究に生涯を捧げた人間として、たとえ未熟なものであっても「歴史の証人」として後世に残しておきたかったのである。

平成五年十一月

伴　繁雄

本書の原稿は、伴繁雄氏が昭和六十三年に執筆を開始され、平成五年十一月に脱稿されたが、その直後の十一月十四日に伴氏は急逝された。

小社では、伴和子、有賀傳、渡辺賢二氏をはじめ多くの関係者のご協力を頂き、伴氏の原稿を編集した。

編集にあたっては、明らかな誤記を正したほか、読者の理解を助けるために、小見出しを付け、新たに写真・図版類を加えたことを付記したい。

陸軍登戸研究所の真実●目次

まえがき　1

I　秘密戦の組織と構造

第一章　登戸研究所――15

一、秘密戦とは　15
二、篠田鐐と登戸研究所　16
陸軍科学研究所の発足　科学研究所の出張所として移転、「登戸研究所」の発足
後の所長、篠田鐐の人間像　研究所の組織と研究項目

第二章　陸軍中野学校の全貌――35

一、日本最初の科学的防諜機関の誕生　35
若松町の木造二階家から始まる　科学研究所が技術指導
後方勤務要員養成所発足
二、中野学校の生い立ちと教育方針　38
秘密戦の実行部隊　陸軍部内でも極秘とされた組織　中野学校の編成

遊撃戦（ゲリラ戦）要員の応急教育　遊撃部隊兵器

II　登戸研究所各科の研究内容と成果

第一章　諜報器材の研究〔二科、四科〕――49
一、秘密インキ　50
二、秘密インキの実例　52
三、赤外線型秘密通信法　53
四、エックス線型秘密通信法　56
五、写真化学的秘密通信法　57
六、秘密インキの発見例　57
中国共産党の秘密インキ　切手の裏に隠語・暗号　米国の台湾在住諜者の検挙
七、秘密通信用紙　60
八、超縮写撮影装置の試作　61

第二章　防諜器材の研究〔二科〕――65
一、科学装備案の提出　65
二、憲兵用装備器材　68

第三章　謀略器材の研究〔二科〕——69

一、破壊謀略器材（爆破および殺傷器材）　70

二、放火謀略器材　73

第四章　対生物兵器の研究——77

一、毒物謀略兵器〔二科一班、二班、三班〕　77

困難を極めた未知の毒物の開発　飲んでも疑われない毒物の開発に成功

人体実験のため南京に出張

二、植物謀略兵器〔二科六班〕　83

微生物を使った兵器

〔松川　仁の手記〕

毒キノコ栽培実験　中国で小粒菌核病菌散布実験

三、動物謀略兵器〔二科七班〕　95

防御できない恐るべき兵器　七三一部隊と一〇〇部隊

〔久葉　昇の手記〕

実戦を企図した家畜伝染病の爆発的流行　強毒野外牛疫病毒の分離、継代と毒力検定　乾燥牛疫病毒の製造　粉末病毒の実戦応用予備実験　実戦用牛疫野外感染実験　対米攻撃の中止

第五章　電波兵器の研究〔一科〕――107
［山田愿蔵の手記］
陸海軍の電波研究　直接兵器としての電波研究　登戸実験場　「く」号研究
輻射実験 λ/4　動物実験　台覧実験　超短波の応用研究　雷の研究
「ち」号・超短波標定機（レーダー研究）　「く」号研究の終戦まで

第六章　風船爆弾による米本土攻撃〔一科〕――133
一、米本土攻撃の決戦兵器の開発　134
「ふ」号作戦　八千キロを飛べる風船爆弾
二、攻撃命令　139
約九千個の風船爆弾を発射　戦果は小さかったが、心理作戦としては成功
昭和十九年の登戸研究所

第七章　対支経済謀略としての偽札工作〔三科〕――145
一、偽造紙幣の開発　145
二、ニセ札の量産と「松機関」　148

第八章　実験の困難性と実績の評価　153
研究開発中の事故　天覧実験で失敗、大やけどを負う
自然発火アンプル完成寸前の事故　缶詰爆弾の実演中の爆発事故
技術有功章受章

III　秘密戦の実相

第一章　諸戦域への出張報告　161
国際諜略都市上海戦に初参加　関東軍情報部と登戸研究所
器材試験依頼の出張　敵側諜略実施例　仏領サイゴンで真珠湾奇襲を聞く
藤原機関、岩畔機関の工作　パレンバン降下作戦
ジャワ攻略とラジオ諜略工作　最終地フィリピンへ

第二章　登戸研究所の疎開、終戦　189
中野学校の遊撃戦要員養成が本格化準備
長野、兵庫、福井へ疎開した登戸研究所　終戦と登戸研究所の解散

【解説】陸軍登戸研究所と伴繁雄――有賀　傳　197
【解説】秘密戦・謀略戦を考える意味――渡辺賢二　205
あとがきにかえて――伴　和子　213

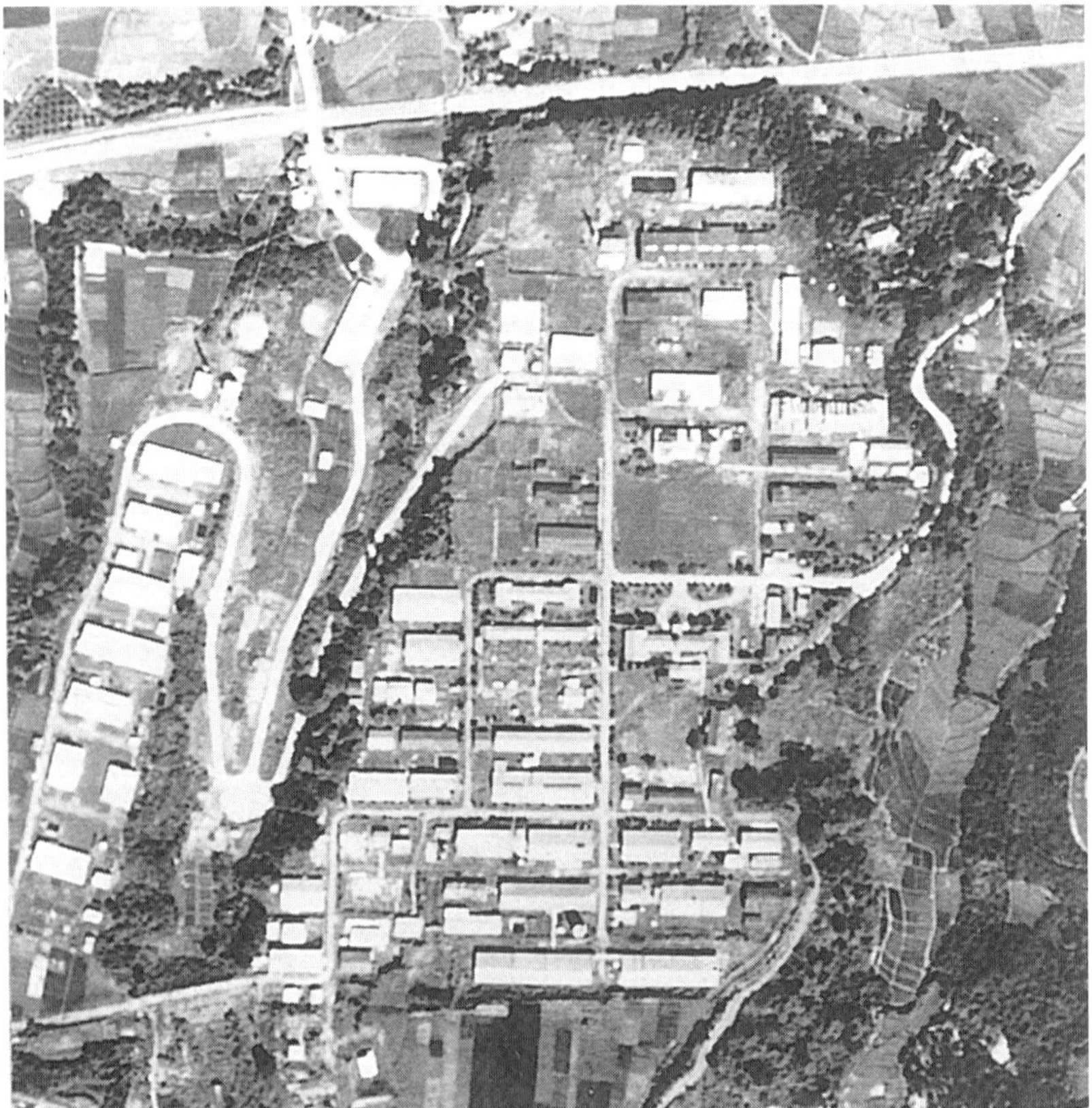

陸軍登戸研究所全景(昭和22年 9 月16日、GHQ 撮影)

陸軍登戸研究所の建物配置図（1944 年）

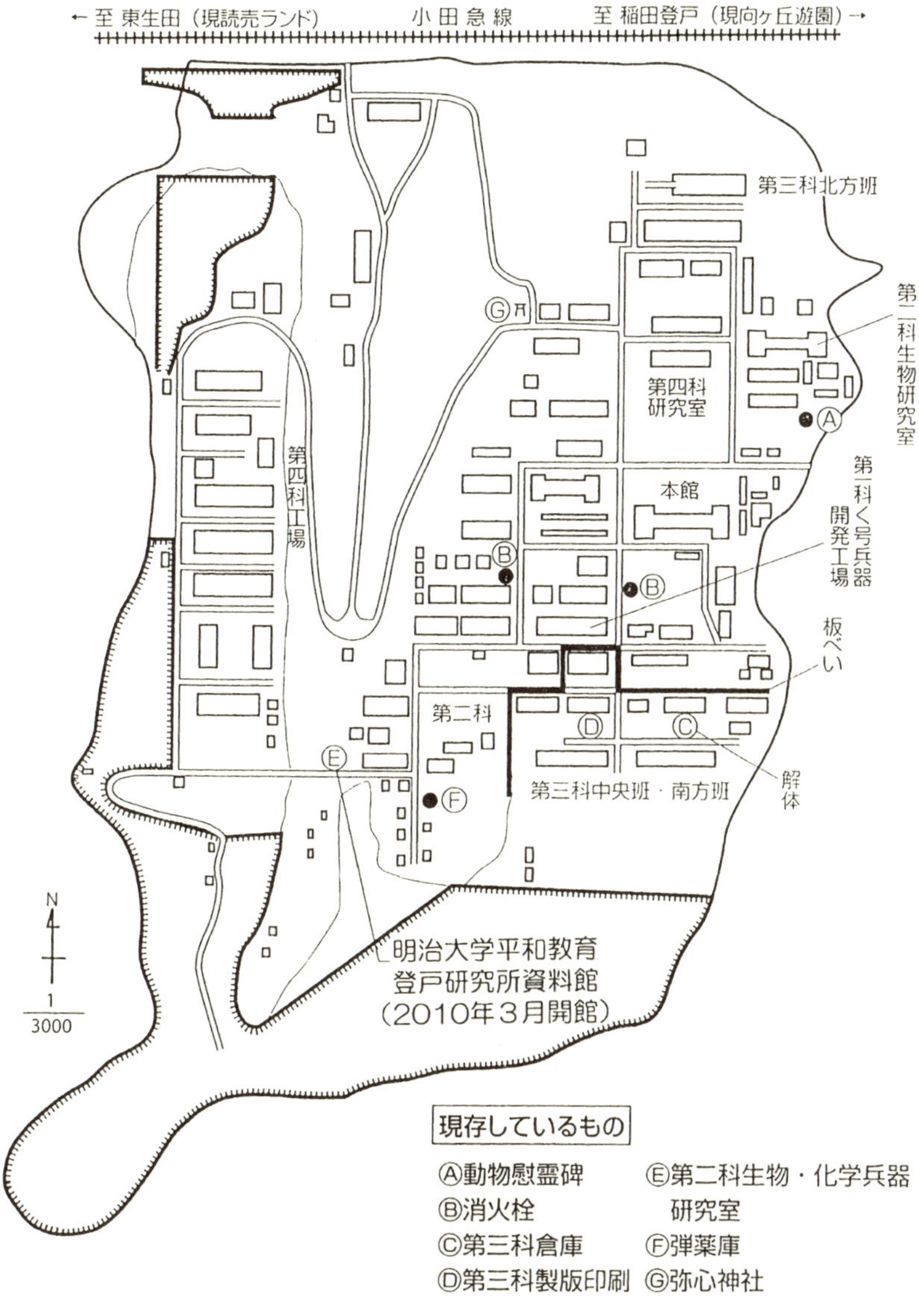

（『川崎市多摩農業協同組合史』の原図を参考に渡辺賢二作成）

Ⅰ　秘密戦の組織と構造

第一章　登戸（のぼりと）研究所

一、秘密戦とは

日露戦争のように第一線の武力戦によって行われた戦争形態は、第一次大戦から国家総力戦へと変わった。武力だけでなく戦略、経済、思想など国力のすべてを挙げて戦争遂行するという総力戦型への転換である。敵国内の国防要素を破壊し、国内に撹乱を醸成する手段で、より速やかに戦争目的を達成する目的のために、後方撹乱戦、情報獲得戦、宣伝戦の必要が生まれた。これらを武力戦に対して秘密戦と呼んだ。秘密戦は武力戦と併用または単独で行われる戦争手段で、戦争当時は、軍の諜報、防諜、謀略、宣伝的行為および措置を総称した。

秘密戦は、平和時にも戦時にも黒いベールのもとで行われ、その企図、行動、工作などは秘密保持を最も重要視した。一国の参謀部、情報部、特務機関などの計画的な謀略や策動を基盤に、国の内外の組織が暗躍と隠密のうちに活躍したのである。

日本の陸軍が総力戦型への転換に着手したのは、第一次大戦直後であった。大正十年、陸軍省は陸軍師団を縮小して装備の改善を始めた。秘密戦中枢機関の設置、秘密戦要員の養成、また秘密戦のハードウエアとして科学的器材の研究整備が進められることになったのである。

秘密戦に用いられる器材は実に千差万別であり、科学的要素の巧妙な利用、応用を必要とする。創造はその時代の科学の枠を集め、頂点を行くものでなければならない。陸軍技術研究所の一つとして生まれた登戸研究所は、陸軍の秘密戦に必要な技術、器材の研究、生産機関であった。発足当初からその存在、研究内容は高度の機密として守られた。また、終戦末期まで実用化研究が続けられた「怪力電波」、本土決戦用兵器、遊撃部隊資材など研究内容は多岐にわたる。戦後になって風船爆弾、経済工作の偽造紙幣など現物が残されたものから、はじめて語られるようになったのである。

二、篠田鐐と登戸研究所

陸軍科学研究所の発足

登戸研究所の前身である陸軍科学研究所は、大正八年四月、陸軍火薬研究所が改編されて発足した。勅令第一一〇号（大正八年四月十二日）の科学研究所令の理由書には、次のように記されている。

欧州大戦ノ実験竝ニ帝国陸軍ノ実況ニ鑑ミ陸軍技術ヲ進歩セシムル為ニハ工芸ノ基礎タルヘキ科学ノ研究調査ヲ必要ナリト認メ陸軍火薬研究所ヲ廃シ之ヲ骨子トシテ新ニ科学研究所ヲ設置スルヲ至当ナリト認メタルニ由ル

研究所には二課が置かれ、第一課は物理的事項（力学・電磁気学）、第二課は化学的事項（火薬・爆発）と管掌が定められた。同じ頃、陸軍技術本部総務部に置かれた調査班が技術情報の収集を始めていた。国内で収集可能な文献資料から始め、大正十四年六月からは外国に駐在する技術駐在官、特務機関などから特殊な手段で集めた技術情報から調査研究を行っていた。

陸軍科学研究所は、大正十四年四月二十七日の勅令第一五二号（五月一日施行）により一課・二課が部に昇格し、化学兵器（毒ガス）研究の第三部を加えた三部構成に改正されたが、火薬、爆薬部門は造兵廠に移され、昭和七年には再び二部構成に戻っていた。

この間の昭和二年四月、第二部に篠田鐐大尉が研究室主任として着任する。

科学研究所の出張所として移転、「登戸研究所」の発足

研究室には秘密戦器材の研究が委託されたが、設備も不十分なところで研究項目が増え、高度の秘密保持が求められると、昭和十四年九月、設備拡充のために科学研究所の出張所として独立移転することになる。

陸密第一五七〇号
昭和十四年九月十六日
陸軍科学研究所出張所ノ名称及位置ニ関スル件達
陸軍科学研究所出張所ノ名称及位置並ニ其ノ業務次ノ通定
名称　陸軍科学研究所登戸出張所
位置　神奈川県川崎市生田
業務　一、特種電波ノ研究ニ関スル事項
　　　二、特種科学材料研究ニ関スル事項

この間のいきさつについては、防衛庁防衛研究所所蔵史料「陸軍科学研究所歴史巻之三」に次のように書かれている。

登戸実験場ノ新設
特殊技術本来ノ特性ト陸軍科学研究所ノ特性トヲ顧慮シ、科学ノ未知ノ領域ヲ開拓シテ奇襲戦力大ナル新兵器ヲ創造スル新研究ニ重点ヲ指向スルニ決セリ。
然ルニ当所ハ其敷地狭隘ニシテ此種ノ危険ヲ伴フコト大ナル研究ヲ実施スルノ余地ニ乏シク且、秘密維持亦十分ヲ期シ難キヲ以テ新ニ東京近郊ニ地ヲ相シ実験場ヲ建設スルニ至リ、昭和十二年五月上司ノ認可ヲ得テ神奈川県橘樹郡生田村ノ地ヲ選定シ、昭和十二年十一月土地建物ノ購入ヲ完了セリ、之ヲ登戸実験場ト命名シ当分ノ内本部所属トシテ所長ノ管轄機関トナシ、同年十二月十二日研究員ノ一部ヲ移転シ研究ヲ開始シ、昭和十三年三月略々其態勢ヲ整フルニ至レリ

こうして生田の地に土地を得て登戸研究所が発足すると、研究所は急速に陣容を整え次々と研究成果を上げていった。このことは秘密戦に対する陸軍の関心をさらに高めることになった。陸軍では参謀本部第二部が秘密戦を担当していたが、昭和十二年になって謀略、防諜、宣伝を担当する陸軍参謀部第八課が誕生した。初代の課長には影佐禎昭が任命された。

陸軍科学研究所は昭和十六年六月十五日、第一から第九までの陸軍技術研究所に分かれた。この改正で登戸出張所は第九研究所となったが、その特殊な研究業務から陸達第四一号（昭和十六年六月十四日、翌日施行）にある業務分掌規程から除かれている。翌十七年十月十五日、研究所が勅令第六七八号により陸軍技術研究所に改編された際も同様に存在を伏せられている。

後の所長、篠田鐐の人間像

このように、秘密戦兵器、資材の研究開発の発意と企図は、昭和二年、陸軍科学研究所二部の研究室からであった。研究室の研究主任将校はのちに登戸研究所長となる篠田鐐大尉であった。昭和十四年、所長となってからは、自ら作った秘密戦科学を育てた。私は大尉時代の所長のもとに科研に入所し、以来十九年にわたって指導を受けた。

篠田所長は軍人というより、学者が似つかわしかった。明治二十七年生まれで、大正三年陸軍士官学校を卒業したあと、陸軍より派遣されて東京帝大工学部、大学院に学んだ。工学部では主任教授厚木勝基博士の愛弟子であった。私は、科研入所後一年ほどして工学博士論文研究の助手を務めた。アセチルセルローズ（醋酸繊維素）、ニトロセルローズ（硝化繊維素）の製法と応用が研究テーマで、東京帝大からの学位授与は陸軍では初めてだった。専攻の繊維素化学では母校の講師でもあった。ロンドン大学に留学の経験があり、イギリス型紳士でかつ冷静なテクノクラートという印象であった。

陸軍中将で終戦を迎えられ、昭和二十三年、巴川製紙所に技術顧問として入所後、社長を務めただけでなく、紙パルプ技術協会理事長、繊維学会会長も歴任した。日本の製紙、繊維技術の最高権威者として令名が高かったが、昭和五十四年、八四歳の天寿を全うした。

資性温厚寡黙。学究肌のその人柄を敬慕するものは私ひとりではなかった。長年の部下であった私は、再三の事故という失態を演じたが、そのつど「今後は充分注意し、二度とおこさないよう心がけよ」とだけの説諭を受けたことは忘れられない。部下に対しては常に寛容な上司であった。

登戸研究所では自由啓発主義、自己管理主義を貫く指導方針で臨んでいた。研究課題が与えられると、まず内外文献にあたる基礎研究を始め、三カ月から六カ月間、図書館で勉学に終始した。研究計画と研究項目を呈示し採択された後、本格的実験に入った。しかし、研究業務は超過勤務が多く、上司が退出するまで下僚の者は勤務を続けるのが習慣で、宿直以外の手当は

登戸研究所の前身、陸軍科学研究所(戸山ケ原)
昭和天皇が視察しているところ

登戸研究所の所員たち
前列右から４人目が篠田鐐、その左後方（中列）が伴繁雄

陸軍科学研究所第一部の人々（昭和11年８月３日撮影）

なかった。

篠田所長は、常に、秘密戦兵器の研究方針と研究計画としての基本的理念は、次の通りでなければならないと、強く説示されていた。

一、世界の秘密戦、情報戦、謀略戦に対し、技術者として、まず欧米各国の技術的情報の収集に専念せよ。

二、各種の技術情報を総合し、分析し、評価し、たんなる「インフォメーション」でなく「インテリジェンス」化を実施せよ。

三、満州事変以来、秘密戦機関の技術研究は、防諜→諜報→謀略→宣伝の順序として体系化するが、諜報、謀略をプライオリティとせよ。

四、研究業務の遂行にあたり、いかなるテーマでも基礎研究と応用研究を共に実施し、時には研究プロジェクトチームの編成と、その手段、方法を明確にして、最終目的を達成する。

五、今日はアイデアとイマジネーションの時代であることを考え、努めて研究予算を節減し、研究開発時代にふさわしい、新規性、独創性兵器の出現に一層努力せよ。

六、研究計画は、長期計画と短期計画とに明確に二分し、前者は将来性ある「ライフサイクル」の長い新兵器に、後者は即効性を期待し得る新兵器の生産を目標とする。

七、技術革新の今日に即応するため〝明日に挑む新技術・新兵器〟を「キャッチフレーズ」

として、自主技術の開発を主目標とし、従として、産学共同による大学、公的機関の技術的指導・協力を積極的に求め、可及的に迅速に優秀な協力工場の量産生産を目標に、新兵器の出現に努力する。

篠田所長の勧めにより手がけることになった秘密戦科学の体系化には、米洋書の収集が先決であると考え、個人的に丸善洋書部と特約した。科学鑑識、科学捜査、現場検証法、死因の判定、指紋、足跡、血液、銃器、火薬、爆薬、写真鑑定、文書鑑定、火災鑑定、裁判化学鑑識、麻薬鑑識等の単行本と、いわゆるスパイ小説類をできる限り収集した。

入所当初は薄給のため、洋書の購入は困難であったが、結婚後は実家と養家先両家の遺産によって充足できた。少しずつ調べてまとめた秘密戦資料集は、研究所内だけでなく陸軍省、参謀本部、中野学校、憲兵司令部、憲兵学校などの機関に配布され、高評を得た。そうした苦心の結晶も、終戦当日、私が草場季喜少将と共に上京出張中に全部焼却処分されたことは残念であった。

終戦後、落ち着きを取り戻すと、私には半ば病的といってもよい文献収集癖が戻り、これは今日まで止むことがない。これも、科学研究所入所以来「根気よく続けて文献を集め調べよ」という篠田所長の教えによるものであろう。

研究所の組織と研究項目

登戸研究所では、所員として理科、工科系諸学校から多数の有能な人材が専門分野別に求められたほか、日本のトップクラスの大学教授や民間企業の技師、研究者が嘱託として研究に参加した。登戸研究所自体製造工場であるが、精巧な器材製作は民間企業が担当することもあった。研究所の予算は漸次増加し、資料が残る終戦の昭和二十年度配当予算は約六百五十万円であった。昭和十九年五月、軍令陸乙第二七号により一研究所を加えた。十あった研究所の昭和二十年度予算総額は約三千五百万円であったから、登戸研究所は群を抜いていたといえる。

防衛研究所の「陸軍技術研究所研究嘱託名簿」から登戸研究所の嘱託研究者をあげると、主務またはほかの陸軍研究所との嘱託として当時第一級の人材が参加していたことがわかる（表1）。

登戸研究所の秘密戦器材研究は当初、翻訳のスパイ小説や映画を参考に手探りで始められたが、終戦直前までには性能、生産とも欧米と遜色なく、全般を体系化できるまでになっていた。研究は「諜報器材」「防諜器材」「謀略器材」「宣伝器材」の四つに大別していた。

これらは多種多様の器材から成り、相互に関連性をもって構成されていたが、登戸研究所の研究内容を記録したものは現在ほとんど残っていない。私の記憶をもとに作成した主要な研究（表2）と、戦争末期疎開を始める前の登戸研究所の研究組織と研究責任者（表3）は次のとおりである。

表1　登戸研究所の嘱託研究者

【主務嘱託】

氏　名	本職・本来の職業	学位	任命年月日	扱	研究事項	兼務
林　重憲	京大工学部教授	工博	昭11.1.21	奏扱	登四号	
矢野　道也	内閣印刷局技師	工博	昭13.4.1	奏扱	登三号	
松本　純三	内閣印刷局技師		昭13.4.1	奏扱	登三号	
菅沢　重彦	東大医学部教授	薬博	昭14.4.1	奏扱	登三号	
勝沼　六郎	名大医学部教授	医博	昭14.4.17	奏扱	登三号	
浅見　義弘	北大工学部教授	工博	昭14.7.20	奏扱	登一号	
宇田新太郎	東北大工学部教授	工博	昭15.4.30	奏扱	登四号	五研
漆原　義之	東大理学部教授	理博	昭15.3.14	奏扱	登三号	
蔓島　高	北大医学部教授	医博	昭15.3.31	奏扱	登一号	
川島　秀雄	農林省獣疫調査所技師		昭15.5.6	奏扱	登三号	
上野　繁蔵	東工大染料化学科教授	理博	昭15.8.1	奏扱	登四号	八研
長尾不二夫	京大工学部教授	工博	昭15.8.14	奏扱	団体燃料機関の研究	三研
植月　皓	阪大理学部講師		昭15.11.11	奏扱	登四号	
鈴木桃太郎	都立高工校教授		昭16.7.31	奏扱	登一号	
藍野祐久	東大農学部講師		昭16.11.11	奏扱	登三号	
堀　義路	藤原工大応用化学科教授		昭17.1.31	奏扱	登二号	
浦本政三郎	東京慈恵会医科大学教授	医博	昭17.8.31	奏扱	登四号	
内田　亨	北大医学部教授	理博	昭17.8.31	奏扱	登三号	
高木　誠司	京大医学部教授	薬博	昭17.8.31	奏扱	登三号	
上田　武雄	京大医学部助教授	薬博	昭17.8.31	奏扱	登三号	
神田　英蔵	東北大助教授	理博	昭18.6.15	奏扱	登二号	八研
林　清	川西機械製作所技師		昭18.7.24	奏扱	登一号	
河田　源三	服部時計店技師長		昭18.7.24	奏扱	登二号	
草野　俊助	東大農学部名誉教授	理博	昭18.7.24	奏扱	登三号	
原　三郎	東医専教授	医博	昭18.7.24	奏扱	登四号	
鏑木外岐雄	東大農学部教授	理博	昭18.8.2	奏扱	登三号	
山本　祐徳	東大工学部教授	工博	昭18.8.2	奏扱	登三号	
植村　琢	東工大教授	理博	昭18.8.2	奏扱	登四号	
安保　壽	北大医学部教授	医博	昭18.8.2			
中宮　次郎	理研技師	農博	昭18.8.14	奏扱	登四号	
豊田堅三郎	航研技師		昭18.9.30	奏扱	登二号	
酒井　敏一	彫刻師		昭18.11.27	奏扱	登三号	
田中　正道	芝浦電気参事		昭18.12.7	奏扱	登四号	二研
中村　哲哉	農林省獣疫調査所技師	農博	昭18.12.7	奏扱	登三号	
中田幾久治	凸版印刷株式会社技師		昭18.12.15	奏扱	登三号	
田中　丑雄	東大農学部教授	農博	昭19.1.17	奏扱	登三号	六研
池田　博	東大農学部農芸化学科副手　理研副研究員		昭19.2.1	奏扱	登三号	
斉藤　幸男	東工大助教授	工博	昭19.1.17	奏扱	登一号	

伊佐山伊三郎	朝鮮総督府家畜衛生研究所長		昭19.5.1	奏扱	登三号	
中村　稕治	朝鮮総督府家畜衛生研究所技師	農博	昭19.5.1	奏扱	登三号	
大久保準三	東北大教授　科学計測研究所長		昭19.5.1	奏扱	鑑四号	
青木　豊蔵	株式会社大信社取締役養蜂社養蜂学講師		昭19.6.1	奏扱	登三号	
荒川　秀俊	中央気象台技師		昭19.5.1	奏扱	登二号	
佐々木達治郎	東大工学部教授　航空研究所所員		昭19.5.1	奏扱	登二号	
渕　　秀隆	中央気象台技師		昭19.5.1	奏扱	登二号	
西田　彰三	小樽経済専門学校講師		昭19.5.1	奏扱	登二号	
大倉　東一	東京都衛生技師		昭19.5.1	奏扱	登二号	
多田　　潔	横河電気製作所技師		昭19.5.1	奏扱	登二号	
松岡　　茂	東北大医学部助教授	医博	昭19.8.1	奏扱	登一号	
田中　　元	朝鮮総督府技師		昭19.11.1	奏扱	登三号	
杉野目晴貞	北大理学部教授	理博	昭19.11.1	奏扱	登三号	
門倉　則之	日本精密機械電気株式会社技術部長	工博	昭19.12.1	奏扱	登一号	

【兼務嘱託】

氏　名	本職・本来の職業	学位	発令年月日	扱	研究事項	兼務
永井雄三郎			昭19.2.1		登三号	四研
鳥養利三郎			昭19.2.1		団体燃料機関の研究	四研
八木　秀次	兵器行政本部		昭19.2.1		登二号	
沢井　郁太			昭19.2.1		団体燃料機関の研究	二研
前田　憲一			昭19.2.1		登四号	五研
尾形輝太郎			昭19.2.1		登三号	七研
富永　　斉			昭19.4.21		登三号	八研
大槻　虎男			昭19.7.12		登二号	二研
千谷　利三			昭19.7.12		登二号	六研
藤原　咲平			昭19.7.12		登二号	六研
真島　正市			昭19.7.12		登二号	七研
森田　　清			昭19.7.12		登二号	五研

表2　登戸研究所の主要研究項目

	研究項目	研究事項	研究細目	摘要
1	科学的秘密通信法及発見法	郵信諜報資材（主として秘密「インキ」及写真術利用型秘密通信法	普通型秘密「インキ」及発見防止処理法 紫外線型秘密「インキ」 赤外線型秘密「インキ」 X線型秘密「インキ」 写真化学利用法 超縮写法 物理的方法	各種様式あり 蛍光体の利用 筆記用「インキ」 絵具等の利用 X線造影剤の利用 各種様式あり 独逸方式 合法的
		万能発見法	化学的方法	非合法的
		特殊秘密通信用具	特殊嚥下紙 秘密通信特殊紙	味付オブラート紙 証拠湮滅用
2	郵信検閲法	書信及梱包検閲法	封書の開緘及同還元法 小荷物小包トランク等の開梱及梱包検閲法 合法的秘密書信発見法	開緘装置各種あり 簡易開梱法 X線法に依る梱包検閲法 赤外線写真利用
3	変装法	変装及扮装用具	顔面変装法 変装用被服 鬘	口髭、顎髭、頬髭、入歯 化粧用具等 裏表両用服 携行用

4	隠密	尾行者探知用具	「バックミラー」	特殊眼鏡
	聴見器材	秘密覗見法	「ステッキ」型潜望鏡 （ステッキスコープ） 鍵穴覗き用具	二階覗き 直視型、側視型
		鑑別鏡	犯人の首実検用	
		窃話及録音法	盗聴法 録音装置	携行式及固定式 窃話用増幅器の利用 長時間録音及再声用器材可搬式
5	逮捕及自衛用具	逮捕器材	電撃器 簡易自動手錠	抵抗阻止用具
		防弾具	拳銃弾丸防護用具	テロ防止及犯人検挙用
6	訊問及防盗法	訊問器材	嘘発見器（ライデイテクター） 反射脳電流、呼吸数、脈搏、体温等の同時記録装置	米国式採用 同右
		防盗用具	特殊警報装置 各種防盗装置 安全金庫	オートラム装置の利用 電気的光学的手段 高電圧式
7	軍用犬資材	軍用犬の運用及番犬防避法	番犬追跡防避法 警戒犬突破方法 軍用犬運用法	合成特殊薬剤の利用 殺傷法、発情法、麻痺法等 主として訓練法

8	破壊謀略資材	放火（焼夷）資材及其の検証法	焼夷（放火）資材の種類及点火方式 自然発火用放火資材 時限点火方式 電気利用による放火方法 原因不明の放火法 応用資材による放火法 放火法と其の「トリック」 放火火災現場検証法	各種偽騙放火剤と各種点火方式 市販薬品の利用 化学時限方式 時計型時限方式等 短絡其他 証拠湮滅方式 一般的可燃物の利用
		爆破及殺傷資材と其の検証法	爆破及殺傷資材の種類 爆薬填実法及点火方式 機械的妨害方法の手口 破壊目標物件と効果的手段	各種偽騙爆薬の利用 威力効果大なる填実法 即時点火法と時限点火法 汽車、電車、自動車等の機械的妨害法
		特殊信管	触発及時限信管の種類 特殊信管 偽装拳銃及無音発射法	各種あり 移動明暗温度変化による特殊点火方式 ステッキ型、万年筆型拳銃等
9	写真	小型写真機	小型偽騙写真機及活動写真撮影機	「ライター」型、「マッチ」箱型、鞄型、ハンドバック型等

		特殊写真機	望遠写真機 暗中写真機 水中写真機 指紋写真機 潜望写真機	遠距離撮影用 夜間撮影用 水中撮影用 携帯用電源乾電池 秘密撮影用
		複写装置	万能複写装置 迅速複写装置 電気複写器 携帯連続複写装置	一般用 半自動式 「エレクトロコピスト」
10	毒物鑑識	毒物の種類及鑑識	消化器障碍毒物 麻痺性毒物 天然物利用毒物 細菌毒素 毒物鑑識	即効性及遅効性の二種、経口用 吸入用、注射用 毒性植物及蛇毒の利用 簡易検知器
11	科学鑑識法	指紋押捺及採取用器材	指紋押捺用具 現場指紋採取用具	
		現場検証器材	現場見取図作成用具 特殊現場検証器材 現場残留物件の簡易鑑識並に証拠物件の蒐集用具	

		理科学鑑識（分析用）器材	分光分析鑑識法 蛍光分析鑑識法 X線分析鑑識法	
		法医鑑識器材	血液鑑別法 殺傷死因の解剖学的探究	
		金属探知	金属探知機	携帯式及固定式
12	銃器鑑識法	各種銃器と其の弾丸	各種銃器の分類及構造 旋条痕撃発痕等の比較鑑識	
13	不法無線検知法	不法無線探査器材	電波波型識別装置 可搬型方向探知機 無線機	連絡用短波
14	特殊科学装備自動車	捜査及鑑識用自動車	現場検証器材 警察写真器材 理化学鑑識器材 法医鑑識器材 連絡用無線機 強力放声装置 録音装置	

表3　登戸研究所の組織

陸軍第9技術研究所（登戸研究所）
所長　篠田鐐中将　工学博士

- **第一科**　科長　草場季喜少将
  - 庶務班…中本少尉
  - 第一班…武田照彦少佐（風船爆弾、宣伝用自動車ほか）
  - 第二班…高野泰秋少佐（特殊無線機、ラジオゾンデほか）
  - 第三班…笹田助三郎技師（怪力電波〈殺人光線〉）
  - 第四班…大槻俊郎少佐（人工雷）
- **第二科**　科長　山田桜大佐（工学博士）
  - 庶務班…瀧脇重信大尉
  - 第一班…伴　繁雄少佐（科学的秘密通信法、防諜器材、謀略兵器　憲兵科学装備器材、遊撃部隊兵器ほか）
  - 第二班…村上忠雄少佐（毒物合成、え号剤）
  - 第三班…土方　博少佐（毒物謀略兵器、耐水・耐風マッチほか）
  - 第四班…黒田朝太郎中尉（対動物謀略兵器ほか）
  - 第五班…丸山政雄少佐（諜者用カメラ、超縮写法、複写装置ほか）
  - 第六班…池田義夫少佐（対植物謀略兵器ほか）
  - 第七班…久葉　昇少佐（対動物謀略兵器ほか）
- **第三科**　科長　山本憲蔵大佐
  - 北方班…伊藤覚太郎技師（用紙製造）
  - 中央班…岡田正敬少佐（分析、鑑識、印刷インキ）
  - 南方班…川原廣眞少佐（製版、印刷）
- **第四科**　科長　畑尾正央大佐
  - 夏目五十男少佐…第一科、二科研究品の製造、補給、指導

第二章　陸軍中野学校の全貌

一、日本最初の科学的防諜機関の誕生

若松町の木造二階家から始まる

日本の特高警察、外事警察、憲兵特高はいずれも同じような思想にもとづいて作られたものであるが、科学装備は遅れていた。陸軍で防諜の必要が叫ばれだしたのは満州事変以降のことであるが、特に二・二六事件はこの傾向を助長した。昭和十二年の春、陸軍省兵務局長の直属で科学防諜機関が設立、整備された。牛込区若松町にある陸軍軍医学校と騎兵第一連隊との境界付近に建設された木造二階家がそれであった。

日本での嚆矢の防諜機関の長は、当時対ソ諜報のベテラン、秋草俊少佐（のち少将）と福本亀治憲兵少佐（のち大佐）以下、十数名からなる小さな組織であった。この機関の活動内容は、国際電信電話の盗聴、外国公館の信書の開封と還元、不法無線の探知、秘密会議の盗聴などであった。その当時は登戸研究所の創設前であったので、私は陸軍科学研究所第二部（新宿区百

人町）に属し、篠田中佐の指導下で秘密インキの研究と、その発見法に従事していた。

防諜機関の新設前から、同機関の竹内准尉（のち中野学校の開封関係教官）と藤本准尉（戦後、防衛庁調査学校の教官）の憲兵二名が私の研究室に派遣され、信書の開封、還元器材と用具を使用し長期間、技術指導を行った。指導は開封の基礎的事項として、接着剤、封蠟、用紙、開封器材、資材にわたる取扱実務であった。

科学研究所が技術指導

電信電話の盗聴、録音、不法無線の探知、録音技術分野は、当時科学研究所第一部の研究事項であったので第一部の専門技術者が技術指導をした。国際電信の送受信内容は、毎日逓信省からこの機関に送られてきたし、国際電信はそのつど、この機関に通ずる秘密回線に接続されていた。また外国公館と外部との電話による通話はすべて牛込電話局に集約されて、若松町の防諜機関に電話線がつながっていた。

外国公館から自国に送られる信書も、いったん中央郵便局に集められ、若松町の防諜機関に送られた。防諜機関ではこれらの封書を跡をいっさい残さないような方法で開封し、内容を複写したのち原形に還元し、約二時間後には中央郵便局に戻していた。

防諜機関には専門技術者がまったくいなかったため、郵信諜報設備の選定、整備、運用、資材の購入等は、一切、科学研究所が下請けしていたのである。

防諜業務の進展とともに、軍機保護法の不備な点が目立つようになったのと、その後国家秘密の範囲は、軍事機密から総動員秘密まで拡張されて、新しい法案が議会に上程された。しかしこの法案は、成立するまでに審議未了となったりして次の議会でようやく成立した。

後方勤務要員養成所発足

昭和十一年、岩畔豪雄中佐（のち少将）が「諜報、謀略の科学化」という意見を参謀本部に提出したことから、初めて秘密戦業務推進が命ぜられ、参謀本部第二部第八課がこれを担当した。当時、岩畔中佐、秋草中佐、福本憲兵少佐を中心に「諜報・謀略、要員の養成機関」を設立する必要が痛感され、「作戦第一主義」の日本陸軍は情報に対する関心が著しく強くなった。

近代戦では相手国からの秘密戦攻撃に対し、消極的な防衛態勢をとるだけでは勝つことができない。進んで相手国に対する諜報、防諜、謀略、宣伝の四項目にわたる秘密戦全般の教育養成機関を建設する必要があるとし、陸軍省兵務局が中心となって創設することとなった。昭和十三年七月には陸軍予備士官学校出身の将校が第一期生として採用され入所し、翌十四年八月に卒業した。

「後方勤務要員養成所」は、支那事変の経験にかんがみ、将来戦に備え、占領地行政、宣撫、宣伝、防諜、諜報および謀略等に関する要員を養成するため、公式には昭和十四年五月十一日の軍令陸乙第一三号（五月十五日施行）により設立された。

二、陸軍中野学校の生い立ちと教育方針

秘密戦の実行部隊

東京・九段の愛国婦人会本部の別館を借用し、応急的な教育施設を作った。昭和十五年八月、陸軍中野学校初代校長に北島卓美少将（のち中将）が命ぜられ、上田昌雄大佐（のち少将）が幹事に就任した。

中野学校設立当時、陸軍科学研究所では昭和二年より、篠田大佐が私とともに秘密戦器材、資材の研究・開発に従事しており、すでに秘密戦器材と資材研究試作品が完成していた。中野学校への技術指導は、スムーズに行うことができた。

当時陸軍には技術本部、科学研究所があり、陸軍省、参謀本部より本格的に秘密戦器材の研究を命ぜられると、秘密戦専門の研究機関が必要となった。昭和十四年一月、岩畔大佐は軍事課長となり陸軍の兵器行政の大革命を行った。兵器の行政本部、科学研究所をまとめて兵器行政本部を設け、その下に十の技術研究所を設立した。その第九研究所が通称「登戸研究所」で、篠田大佐が所長となり、秘密戦器材の研究開発を専門的に行うことになるのである。

陸軍中野学校と改称されると、学校としての組織ならびに教育内容の整備が図られた。学校本部、教育部のほかに校内居住の乙・丙種学生を指導する学生隊が発足し、次いで高度秘密戦の研究を任ずる研究部が設けられた。さらに実験隊が創設されて、秘密戦の実行手段としての、

潜入、潜行偵察、候察、偽騙、謀略、宣伝、破壊、通信暗号などの研究、実験と訓練を実施した。

中野学校の基本的組織、体制はこの頃にようやく出来上った。昭和十七年四月、中野学校は陸軍省から離れ参謀本部の直轄学校となった。昭和十七年六月のミッドウェー海戦と同年八月からのガダルカナル消耗戦を契機として、日米は攻守ところを変える事となった。中野学校の教育もこの戦局の変化に応じて野戦的秘密戦の色彩を強めてきた。

中野学校は、本来の秘密戦要員の教育の他に、内外地部隊のために急ぎ「遊撃隊戦闘教令」を起草し、制定した。また中野学校は遊撃戦教育の適地を求めて、群馬県富岡町に移転することになった。さらに昭和十九年八月、静岡県二俣町に「二俣分校」を開設して遊撃戦幹部要員の教育を開始した。同九月から終戦時まで四期一千名近くの実習士官を教育し、うち七百余名が内地または南方各地、支那、台湾、朝鮮、沖縄などに配属されて遊撃戦に従事した。

昭和二十年当初、本土遊撃戦の必至の状況に当り、決戦要員として全国の軍管区司令部傘下に赴任し、その一部は九州周辺離島の残置諜者に投入され、終戦を迎えた。

陸軍部内でも極秘とされた組織

中野学校のような特殊学校の新設は、陸軍部内でも極秘とされた。校内に古くから建設されていた高い大きなアンテナが数本あったことから、校門には「陸軍省通信研究所」の小さな目立たない表札がかけられていた。

岩畔、秋草、福本の三人の設立委員は、「いまや戦争の形態は、野戦から総力戦体制に移行し、軍情報も、また兵の動員や兵器のみの諜報では十分でない。従来、在外武官からの情報のみに限られていて、政治、経済、宗教、文化、思想、科学など、総力戦的国力選定の資料、情報に欠けていた。だからこそ、これを補うために、諜報、謀略要員を養成しなければならない」と強調していた。

学生は、「甲種学生」の大尉、中尉級で純軍人で士官学校を卒業したものと、「乙種学生」少尉で予備士官学校で教育した幹部候補生、このどちらから有能な人材を集めるべきかが陸軍省内部で論争された。この問題は容易に結論が出ず、結局両者を採用することに決定した。

実際には、「乙種学生」は卒業後、秘密戦期間の指揮者あるいは機関長として戦果、業績をあげた。「丙種学生」は陸軍教導学校卒の教育総監賞を受けた成績優秀な下士官から採用した。中野学校卒業後、直接実行動を行ったのは彼らであった。

学生は全員学校内で一部の教官と起居をともにし、各専門教官は当時秘密戦関係の最高の権威者であった陸軍省、参謀本部、兵器行政本部などの佐官、尉官階級で、また民間からの語学教官(英・支・露・ドイツ・マライ語など)もいた。

中野学校の特長である精神的訓育は、自覚にまった教育を実施し強固な意志と、活動力を生む精神教育と、自由教育が行われた。入学と同時に一般人と同じ背広が支給され、社会人のように行動していたが、卒業後も平服のままで、現地の参謀、機関長の指示により中国、ソ連、米国、英国、仏国、独国、南方諸国へ赴任した。会社員、技術者、文化人、公務員、教師、医者、労勤者といったあらゆる職種で姓名、身分、出身地を偽った。見送る人もなく、任務、目的、行き先を知らせず、静かに祖国を離れて行ったのである。

中野学校の編成

中野学校の編成は表4（42頁）のとおりである。ただしこれは学校の急速な施設の拡充と教官の増員など、もっとも完備した末期のものである。

遊撃戦（ゲリラ戦）要員の応急教育

昭和十八年に入ると、日米戦力の差はだれの目にも明らかとなった。

そこで陸軍は中国大陸で毛沢東が指揮していた中国共産党の特務戦（いわゆるゲリラ戦）で、太平洋の島々での退勢挽回を考えた。各兵科から召集した青年士官を遊撃戦要員として、中野学校の実験隊で特別訓練することを命じたのである。

中野学校では、その戦略と戦術資料収集のため、研究部、実験隊付属教官は現地の各種資料と過去に収集してあった資料を取りまとめ、急いで「遊撃戦教令」を起案した。これによってニューギニアをはじめ南方諸地でのゲリラ部隊指揮官を養成したのである。

翌十九年、本土決戦の様相が濃くなると、軍は日本本土で米軍を迎え撃つ正規軍の翼側に遊撃部隊を配置して援護に当たらせ、一方、敵の背後をつかせて戦線をかく乱する作戦の実施の必要が考えられた。遊撃戦幹部要員として、青年士官の大量教育を中野学校に命じたのである。

教育期間は三カ月の短期であり各期二四〇人という多数であったし、それに当時、実験隊で

表4　陸軍中野学校の組織

上位	部	構成	備考
校長・幹事	本部	医務室 図書室 工場	校務一般および教務 工場は簡単な秘密戦兵器の製作
	教育部	武官 文官	教官は編制以外に、陸軍省、参謀本部、兵器行政本部、その他より多数の兼任教官であった。
	研究部	武官 文官	いずれも兼任教官で、文書的資料の収集、評価が主だった。
	甲種学生		甲種学生は学生隊に編入しない。
	学生隊	本部 各種学生隊	甲種、乙種学生以外の学生はすべて校内で起居し、職員は訓育および術課教育を担任した。
	実験隊	本部 各研究班	秘密戦兵器の研究、実験、学生への実科教育を担任した。 登戸研究所などで試作した兵器の実験を行った。
	冨岡校舎 二俣分校		もっぱら遊撃戦要員予備役見習士官の教育

石井式濾過器

濾過器の中に入れる濾過筒

表5　登戸研究所で試作研究された遊撃部隊用兵器

遊撃部隊兵器

区分	品目名称	型式	用　途	爆薬種類	信管種類	効力の概要
爆破資材	小型爆発缶	小型	爆破及殺傷用	研「う」薬三号	即時用点火具、特殊信管	爆破効力半径約4メートル
	缶詰型変型爆薬	中型	爆破及殺傷用	研「う」薬三号	即時用点火具、特殊信管	爆破効力半径約7メートル 50キロ軌道切断

区分	品目名称	型式	用　途	時　限	時限精度	時限法	摘　要
特殊信管	時計式時限装置一号	電気的点火	一般爆破用	(長)12時間 (短)60分	(±)30分 (±)2分	長短針利用	電源特殊注水電池
	化学信管	化学的点火	一般爆破用	50分(常温)	(±)20分	特殊腐触液によるピアノ線腐触	南方用
	撃発式時限装置	機械的点火	一般爆破用	8日以内	(±)1時間	回転板利用	撃発式長時限時計式
	即時用点火具	曳索的点火	一般爆破用	40秒	――	黒色火薬による	防湿缶入収容筒入

区分	品目名称	型式	用　　途	主組成分	火抹散布範囲（半径）	摘　　要
放火謀略資材	強力焼夷缶	缶入小型	一般放火用	エレクトロン粉末、過塩素酸塩		耐水缶入小型強力即時用摩擦点火
	成型焼夷剤	小型	成型放火用	エレクトロン粉末		即時用摩擦点火
	テルミット焼夷剤	小型	難燃性物件放火用	テルミット系	五メートル	即時用摩擦点火
	発射焼夷筒	筒入小型	遠距離物件焼夷用	マグナリウム過塩素酸塩	最大射程300メートル	焼夷剤 500キロ 薬量18キロ
	撒布式焼夷缶	缶入大型	撒布型多放火点発生用	硝酸バリウム、アルミ粉末、セルロイド	撒布範囲半径 100メートル	収容小型弾子約約50個
	焼夷カード	板型	易燃性物件放火用	黄燐、竹		
	点火用紙	小型	現地調製用投擲火焔瓶用	塩素酸加里その他		投擲用ガソリン火焔瓶用濃硫酸使用

遊撃隊行動器材

種　別	名　称	用　途	構　造・性　能
夜間携行用具	防湿夜光時計 宛先夜光標示板	一般用 夜間連絡及標示板	耐水、防湿、非磁気携行時計 小型
渡渉具	携帯用浮嚢舟 渡渉衣 浮嚢靴 浮嚢 簡易潜水具	渡渉用 渡渉用 渡渉用 渡渉用 潜水用	一人用・数人用　軽量ゴム布製（浮力 100キロ、浮力500キロ） 小型浮嚢付 着嚢のまま渡渉可能 直立状態にて漕行　制式品に準ず 軽量チューブ型　浮力20キロ 身体隠匿用　鼻狭式、口呼吸型
攀登用具	攀登用碇 防水麻綱 防水小麻綱	急峻な地形通過用 急峻な地形通過用 一般縛着用	小型碇に径10ミリ麻綱（防水ゴム仕上）を縛着、抗張力200キロ 防水ゴム加工と「カツチ」仕上を交互に旗竿式に仕上加工（径10ミリ） 抗張力40キロ
近接用具	折畳自転車	近接行動	折畳式携行用
耐水用資材	耐水通信紙 耐水「マッチ」 耐水雑嚢 防水背負袋	通信用 耐水、耐風マッチ 信管、爆薬収納用 兵器・食料収納用	硫酸紙製 燃焼時間10秒　南方向、耐スコール型 耐水布製 耐水布製
補力資材	栄養剤 疲労恢復剤 携帯口糧	補力用 恢復用 軽量、固体粉体	強力ビタミン剤　急速栄養補給剤 頭脳及目の補力剤 一般市販品、改良品

は、特殊任務要員（離島残置諜者）の訓練に当たっていたので、一期二四〇人の大量人員を受け入れる余地はなく、また、ゲリラ戦の訓練となれば広範囲な地域も必要となる。

そこで実験隊では天龍川をひかえた古戦場静岡県の二俣町に二俣分校を設置、即席の訓練生を多数外地に派遣した。昭和三十年十月、ミンドロ島から現われた山本少尉、昭和四十九年三月までルバング島のジャングルに潜んだ小野田少尉もその一人であった。

遊撃部隊兵器

遊撃部隊兵器は、ほとんど秘密戦兵器とかわらない。登戸研究所では遊撃部隊行動用として、夜間携帯用具、渡渉具、攀登用具、近接用具、耐水用資材、補力資材の研究試作をすでに終えていた。しかし遊撃隊の発足が敗戦の間際であったため、実際に兵器の製造、補給はせずの状態で終わった。

登戸研究所で試作研究がされていた遊撃部隊用兵器は表5のようなものであった。

このほか、第二科四班では遊撃部隊用食品、補力資材の研究を行っていた。

飲料水は、関東軍防疫給水部（石井部隊）が研究開発した陶器製濾水機を使っていた。一般食品として、調味料、嗜好飲料、乳製品、菓子、肉加工品のほか缶詰は究極的に軽量に、固形、粉状とし、栄養面で糖質、脂質、タンパク質、アミノ酸、無機質、ビタミン類を含有するものを試作供給していた。さらに新しい補力資材として、強力ビタミン剤、急速栄養補強剤、頭脳及び目の補力剤、疲労回復剤、軽量携帯食糧などを研究していた。

II　登戸研究所各科の研究内容と成果

すでに述べたように、登戸研究所は、昭和十二年、陸軍科学研究所所長の直轄研究機関として新設された登戸実験場を前身としている。私が陸軍科学研究所から登戸へ移ったのは、登戸出張所と名称が変更された昭和十四年のことである。この名称変更とともに業務内容も、「一、特殊電波の研究、二、特殊科学材料の研究」とされ、謀略兵器など極秘兵器を研究分担とする性格が明確になってきた。

研究には略符号が付けられ、陸軍省や参謀本部でもごくわずかの情報、技術担当将校しか知悉しないというほどの、高度の秘密主義がとられた。研究所内部でもほかの科の研究施設には立ち入りが禁じられ、内容はうすうす分かるかどうかという程度だった。当時の研究資料、記録書類、試作品は、終戦時にその一切が灰燼に帰してしまった。

戦後になり、アメリカ占領軍（GHQ）が、終戦直後に関係者から研究内容を聴取した記録や、風船爆弾のようにアメリカ、スミソニアン博物館に無傷のまま保存されているものから、ほぼその全貌が分かったもの、また、三科長だった山本憲蔵元大佐が自ら贋札作戦を著述し、明らかにされたものがある。しかしいずれも、完成し実戦に供された研究成果の一部にすぎず、これだけでは秘密戦の黒いベールの奥にあった登戸研究所を語ることはできない。幸い、当時私が所属した以外の科の関係者の協力が得られ、ここに登戸研究所各科の研究を紹介する。

第一章　諜報器材の研究　〔二科、四科〕

諜報器材とは、情報の獲得、収集、それに整理、分析、評価、判断することを目的に用いられるもので、有線無線通信の傍受、盗聴録音を行うための器材のほか、各種の秘密通信法、暗号の解読考察、統計調査および信書の開封、還元といった文書諜報器材を総称したものである。ここでは、私が携わった科学的秘密通信法を主にのべることにする。登戸研究所考案の秘密インキは、高度な水準にまで達し、外見からは決して読み取ることのできないもので、現在も使用されていると考えられる。

昔からあぶり出し法・水出し法などの普通型秘密インキが、簡単な秘密通信法として諸外国で使用されていた。これに対応する万能的発見法、またこの逆の、発見防止処理法が絶えず研究されていた。私は登戸研究所在職中、数人のスペシャリストの協力のもとに創意工夫を凝らした新規の秘密インキを開発した。特殊蛍光体利用の紫外線型秘密インキ、赤外線乾板、米国のイルフォード赤外線乾板、赤外線フィルターを使用した筆記用特殊インキ、絵の具を特製した赤外線型秘密インキなどである。そのほかに、エックス線造影剤を利用したエックス線型秘密通信法もあった。

開発されたさまざまな秘密インキは、各地の派遣軍総司令部情報部（諜報、防諜担当者）、憲兵隊司令部、中野学校、憲兵学校に実用試験を行ったうえで、取扱説明書とともに提供した。

秘密インキの万能発見法に関しては、研究当初は試行錯誤の連続であったが、研究の進展にともない数種の独創的発見法を確立した。以下にその詳細をのべることにする。

一、秘密インキ

秘密インキは、あぶり出し法、水出し法と同様に、無色、透明な希薄水溶液で各種の記載物に記し、肉眼では判読不可能な記載書画が特殊な現出液または各種光線で再現できるものであること、各種の化学的、物理的方法すなわち秘密発見法では発見困難であること、などの条件を備えていなければならない。使用にあたっては工作員は同一場所で繰返して使用しないこと。また、工作員は、各種の秘密インキ、記載物を変え使用し得るように準備し、その手段、方法に詭計（トリック）を用いることが重要である。秘密インキは秘密度、工作員の種類により、高級、中級、低級の三種類を準備していた。

秘密インキの記載方法は、一般に極細筆を使用するが、登戸研究所では柔軟な細い特殊金ペンを使用することもあった。どちらの場合でも、用紙の表面を損傷しないこと、多量のインキを使用せず軽く滑らかな筆跡を残すことが肝要とされる。

記載物は種々雑多で、紙類では、普通のレターペーパー、封筒の中裏、葉書、切手、絵葉書、新聞紙、書籍、週刊誌、包装紙、広告紙、紙製の容器など。そのほか、布類、手拭い、ハンカチーフ、木綿製シャツ類、木片などで、意表を突くものの利用を考え、工作員同士の連絡を密にすること、また、必ずプリテスト（事前テスト）を実施することを忘れてはならないとされていた。

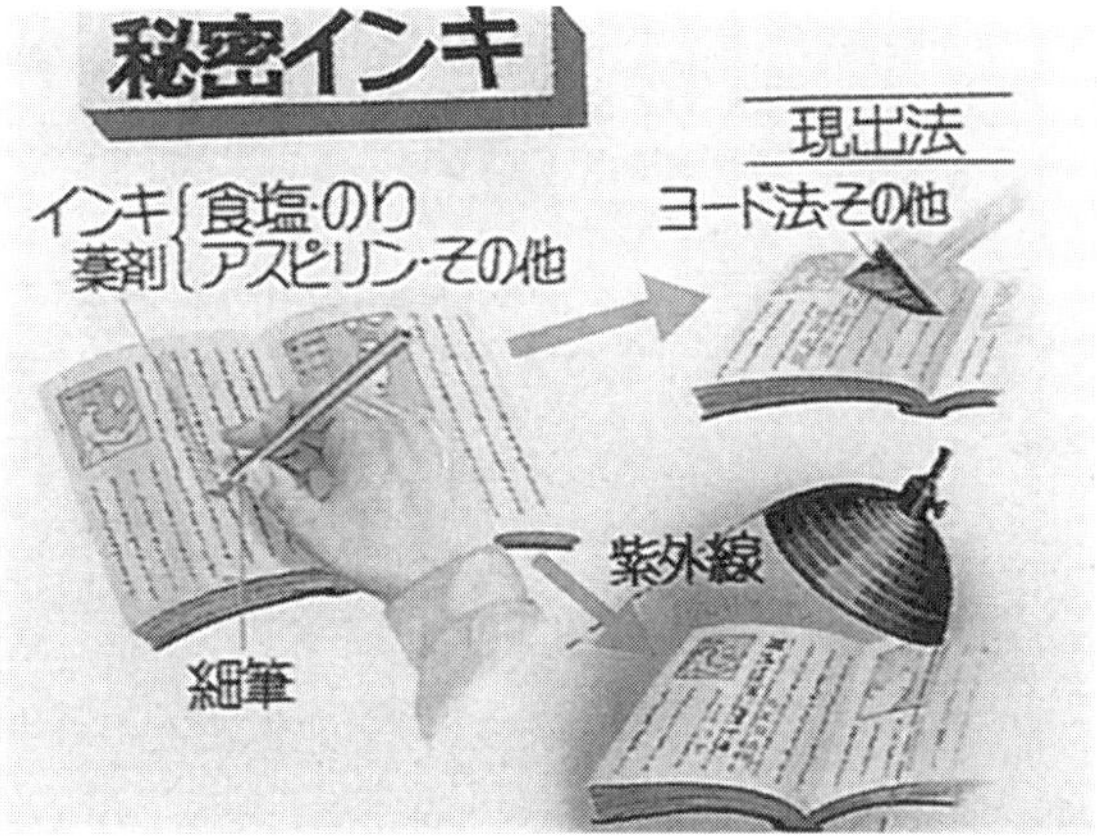

秘密インキのタイプは、一般型秘密インキと紫外線型秘密インキに分けられる。

一般型秘密インキは、その化学組成からさらに細分すると、無機型秘密インキ、有機型秘密インキ、混合型秘密インキに分けられる。混合型はさらに、普通型呈色反応利用型、インディケーター（指示薬）利用型、分析用有機化合物の利用型、色素（染料）の中間物利用型、染色のモルダント（媒染剤）利用型、に分けられる。

特殊秘密インキ

①無色秘密インキ↓発見防止液処理↓現出液↓秘密文

②有色秘密インキ↓還元法（無色）↓（発見防

止用処理）↓酸化法（再現・有色）↓秘密文

紫外線型秘密インキ

①一般型法

無色蛍光体利用（インキ）↓記載↓紫外線照射↓蛍光色↓秘密文

②特殊型法

無機または有機化合物の溶液↓記載↓特殊蛍光体粉末またはその溶液処理↓紫外線照射↓蛍光色↓秘密文

二、秘密インキの実例

一般的な秘密インキの例と、中級秘密インキの実例をまとめたのが表1（54・55頁）である。

三、赤外線型秘密通信法

科研時代の昭和十年ごろ、赤外線写真で要塞地帯を撮影すると、隠蔽されている砲台の偽装用塗料は、赤外線を吸収するので黒く写り、周囲の樹木の葉や草は赤外線を反射または透過して白く写った。これで偽装砲台の所在を発見することができることがわかった。そこで、篠田中佐（当時）から、赤外線を反射または透過する偽装塗料の作製を命ぜられ、全国の塗料顔料メーカーから当時市販使用されていた顔料のサンプルを収集した。

各社のカラー見本帳を赤外線撮影し、使用顔料ごとの赤外線反射度、吸収度を測定して選別した。さらに顔料の原料である水溶性色素の赤外線スペクトルを撮影し分析した結果、主として黒色、青色、緑色の染料の組成により、著しい差異のあることを発見した。赤色、だいだい色、黄色、褐色では、いずれも赤外線を反射または透過し、樹木の葉と同様に白く撮れることがわかった。

こうした基本的実験により明らかにされた理論をもとに、偽装塗料の調製に成功したのである。

つぎに、この結果を赤外線型秘密通信法として利用することにした。まず青色、緑色、黒色色素の水溶液に少量のインキ補助剤を加えてインキを作製し、その色相を市販のブルーブラックインキと同じ色相にカラーマッチングして赤外線型秘密インキA液を調整する。市販のブルーブラックインキは、一般にタンニン鉄と色素を加えたものから調整されている。色素を適当に混合したインキの場合は、少量の鉄化合物を添加することで赤外線吸収を著しく助長することを実験的に発見した。

赤外線型秘密通信法はAインキとBインキのいずれかで秘密文章、文字、数などを同一用紙中に寄せ集めて記載し、普通の通信文を作製する。AインキとBインキを同一の色相に調整す

表１　秘密インキの実例

《低級、簡単で一般的な秘密インキの実際例》

種別	秘密インキ用薬剤	現出液用薬剤と現出法	現出色
医薬用薬品	２％重曹水溶液	４％塩化第二鉄水溶液 0.5％硫酸キニーネのアルコール水溶液（紫外線法）	暗青黒色 鮮青色
	１％サリチル酸ソーダ水溶液	同上	暗青色 鮮青色
	１％酒石酸水溶液	0.5％硫酸キニーネのアルコール溶液（紫外線法）	鮮青色
	２％アスピリン水溶液	（紫外線法） ヨード万能水溶液	鮮青色 暗褐色
	２％炭酸ソーダ水溶液	１％フェノールフタレンのアルコール液 ５％塩化第二鉄水溶液	赤色 暗青黒色
	１％硼酸水溶液	（紫外線法） あぶり出し法	鮮青色 暗褐色
写真用薬品	0.5％メトール水溶液 1％ハイドロキノン水溶液 2％無水亜硫酸ソーダ水溶液 1.5％臭化カリ水溶液 2％醋酸水溶液 2％ハイポ水溶液 2％メタカリ水溶液	４％硝酸銀のアンモニア性溶液 同上 陰イオン第４試薬液 ４％硝酸銀水溶液 紫外線法 陰イオン第４試薬液 同右	青黒色 青黒色 褐色 青黒色 鮮青色 褐色 褐色
化学用薬品	2％硫シアン化カリ水溶液 0.2％フェノールフタレン水溶液 1％カテコール水溶液 2％硫酸第一鉄水溶液 同上 2％醋酸鉛水溶液 同上 0.5％レゾルシン水溶液 2％鉄明礬水溶液	４％塩化第二鉄水溶液 ３％苛性ソーダ水溶液 ４％塩化第二鉄水溶液 ５％タンニン酸水溶液 ４％黄血塩水溶液 ３％硫化ソーダ水溶液 ５％ヨードカリ水溶液 ５％塩化第二鉄水溶液 ５％タンニン酸水溶液	赤血色 赤色 緑色 青色 青色 黒色 黄金色 青色 青色
日常品	大和糊またはアラビアゴム糊希釈液 同上 水歯磨希釈液 同上	ヨード万能液 筆記用インキ希釈液 ヨード万能液 筆記用インキ希釈液	褐色 青色または赤色 褐色 青色または赤色

飲食物	1％食塩水溶液	2％硝酸銀水溶液	暗褐色
	澱粉希釈液	ヨード万能液	褐色
	酢希釈液	紫外線法	鮮青色
	酒希釈液	筆記用インキ	青色または赤色
	ビール希釈液	同上	同上
	砂糖水希釈液	オーラミンのアルコール液（紫外線法）	鮮黄緑色
果物・野菜	ミカン汁希釈液	ヨード万能液	褐色
	リンゴ汁希釈液	同上	同上
	パイナップル缶詰液希釈液	同上	同上
	ダイコン汁希釈液	同上	同上
	ヘチマ汁希釈液	同上	同上
	キュウリ汁希釈液	同上	同上

《中級秘密インキの実際例》無機型・有機型混合型

秘密インキ用薬剤	現出用薬剤	現出色
鉛塩（$Pb(C_2H_3O_2)_2$）液（水溶液）	クロム酸カリ（$KCrO_4$）液（水溶液）	黄色
	ヨードカリ（Kl）液	黄色
鉛塩液（水溶液）	硫化水素（H_2S）液	黒色
鉛塩液（水溶液）	重クロム酸カリ（$K_2Cr_2O_7$）液	赤色オレンジ色
水銀塩（$HgCl_2$）液	ヨードカリ（Kl）液	赤色
水銀塩液	硫化水素（H_2S）液	黒色
マンガン塩（$MnCl_2$）液	オキシ塩化カルシューム（$CnOCl_2$）液	褐色
アンモニウム（NH_4Cl）液	ネッセラー試薬（K_2Hgl_4）液	赤褐色
アンモニウム（NH_4Cl）液	P-nitrodiazobenzen液	赤黄色
銅塩（$CuSO_4$）液	シアン酸鉄カリ（$K_4[Fe(CN)_6]$）	赤褐色
銅（Cu）、鉛（Pb）、コバルト（Co）塩液	O-Tolidin 液	青色
コバルト塩（$CoCl_2$）液	α-nitroso- β-naphthol液	赤色
ニッケル塩（$NiSO_4$）液	Dimethylglycxim アルコール液	赤色
マグネシウム塩（NgCl）液	Titan yellow液	黄褐色
マグネシウム塩（NgCl）液	P-nitrobbenzol- α-naphthol 液	青色
アルミニウム塩（$Al_2(SO_4)_3$）液	Alizarins 液	赤色
バリウム塩、ストロンチウム塩（$BaCl_2, SrCl_2$）液	Natrium Rhodizonate 液	褐色
燐酸塩（$NaH_2PO_4, Na_3PO_4, H_3PO_4$）液	Ammonium Molybdate液	褐色
鉛塩、マンガン塩（$Pb(C_2H_3O_2)_2, MnCl_2$）液	Banzidin液	青色
青酸塩（KCN, NaCN）液	Banzidin液	青色

ること、つまりカラーマッチングは、専門家でなければ至難である。この二種類のインキを使用した通信文を赤外線写真で撮ると、濃淡の差が現れて秘密文を読みとることができた。

当時は赤外線写真の乾板は国産しておらず、テストに使った乾板はイルフォード製だった。赤外線フィルターも国産品はなくアメリカ製品を使用した。

四、エックス線型秘密通信法

原理は赤外線型秘密通信法と同じである。診療用に使用されているエックス線用造影剤の硫酸バリウムを主剤とし、白色絵の具または適当な色相を有する一般の絵の具を少量混合したもので、陰画、暗号、目標謀略件所在地などを画用紙、段ボール紙、木製物件などの下地に記載する。その上に、市販の絵の具でカバリングして偽騙画を描いて送る。これをエックス線発生装置のある目的地でエックス線フィルムに投影するか蛍光板で目視すれば、秘密通信内容は容易に現れる。市販の絵の具には添加物が混在していることがあり、造影機能が弱められるので、あらかじめテストをして使用しなければならなかった。

五、写真化学的秘密通信法

一般写真漂白法と写真転写紙の併用法である。普通の白黒写真の画像は微粒子の銀粒子からなっている。一般の写真漂白法の漂白工程で、無機鉛塩を使用した漂白法で白色の鉛粒子に置換し白色の画像に変化させる。この白色画像に市販されている転写紙（科研時代は小西六製）を利用し、これに偽騙された風景、人物などを焼付けた白黒写真で秘匿カバーすればよい。転写紙は乳剤フィルムと台紙が水中で容易に剥離することができた。秘匿画像を再現するには、希薄硫化ソーダ溶液で処理し、過剰の硫化ソーダは水洗除去し乾燥すれば秘密画像が再現する。

六、秘密インキの発見例

中国共産党の秘密インキ

昭和七年、日本軍上海占領の直後、上海憲兵隊が押収した縦縞ワイシャツ生地二、三メートルが、東京憲兵司令部の依頼により篠田研究室に持ち込まれた。同日、私は篠田中佐より秘密文を発見するよう命令を受けた。私にとって、科研に入所以来初めての実務的緊急命令であった。早速、ワイシャツ生地の極小部分をヨード万能発見液でテストしたところ、秘密文を現出できた。秘密文は中国共産党の長指令文書であった。

篠田中佐は翌日、参謀本部にこれを持参し、参謀総長、元帥・閑院宮載仁親王をはじめ参謀部員から称賛を得た。

使われた秘密インキは、最も一般的で簡便な方法で、澱粉の薄い水溶液で書かれていたが、縞入りワイシャツ生地を使用したという特長があった。

切手の裏に隠語・暗号

昭和十二年から十四年にかけて海軍の艦隊完成のため、日本の主要なドックでは航空母艦蒼龍や飛龍などの建艦が日夜を通じ行われていた。

神戸の憲兵隊は、諜報工作員グループの重要な一人から偶然封書を入手し検閲中だったが、文面には疑わしい記述は見当たらなかった。しかし念のため、東京憲兵司令部を通じ科研の篠田研究室に解明の依頼があった。

そこで、私は証拠物件をできるだけ損傷しない方法でテストしたところ、切手の裏面に特異現象を発見した。研究していた剝離液を使用すると、容易に切手を剝がすことができた。予想どおり、切手の裏面に隠語や暗号らしい文字が現出した。この結果、憲兵隊はこの切手を物件証拠として連絡先の工作員と発送人を含む工作員を検挙することができた。

登戸研究所では封筒に使う膠着剤（接着剤）の基礎研究が必要として、原料、接着法、水、溶剤に対する溶解度などの諸性質を調べ、これに適応した各種の開緘装置を開発していたのである。篠田所長がドイツから入手した界面活性剤（当時日本では皆無だった）薬剤を利用したところ、水、溶剤に溶解し接着部に塗布したものは、剝離に大きな効果があった。これを封書剝離液と称し検閲機関で実用化させた。現在では界面活性剤は広範囲に用いられているが、科研時代には国産化していなかったのである。

米国の台湾在住諜者の検挙

昭和十六年十二月八日、英米両国に対し開戦したこの日、台湾の憲兵隊が入手した秘密文書が東京の憲兵司令部を通じ、科研の篠田研究室に届けられた。マークしていた要注意諜者という。憲兵の言によれば秘密インキで記載された疑いのある文書で、その内容は極秘のものらしいとのことだった。至急秘密インキ発見法により顕色させよとの所長命令があった。

その頃の研究担当者は、私と科研時代より継続研究していた長谷倫夫技大尉だった。長谷大尉は経験豊かなスペシャリストで、有川俊一技大尉、それに技手との四人でテストにかかった。アメリカのハイクラスの秘密インキであったため、そのインキ用薬剤に何を使うか、現出液は何色になるか不明で、その発見は困難を極めた。

そこで私は、篠田所長、山田桜科長に諮って、東京工大染料化学科教授の上野繁蔵理学博士を嘱託として迎え、指導と解決の道を求めた。上野博士は有川大尉の恩師であった。数週間にわたる試行錯誤の末、所期の目的を達成することができた。この結果は参謀本部、憲兵司令部に遅滞を詫びながら苦心談とともに報告したが、つきとめた使用薬剤については、極秘事項であり秘密戦の原則として発表しなかった。

七、秘密通信用紙

科研に入所してまもなく、私は大尉時代の篠田所長の学位論文研究の助手となったが、これはその研究を応用したものであった。

ニトロセルローズは綿火薬で、原料としてピュアコットン（純綿）に濃硝酸と濃硫酸を適当な配合比の混酸で、低温で硝化していた。そこで、純粋なセルローズ製原紙を選び、綿火薬と同じ硝化工程で薄い紙状のニトロセルローズペーパーの作製を命ぜられた。篠田所長の指導のもと半年間の基礎研究を経て試作に成功した。その目的は暗号を印刷する極秘暗号書類用紙と秘密通信用紙であった。

マッチの炎を消したあとの火玉がこの用紙に触れれば、一瞬のうちに燃えつきて後に何も残らない。〝ノースモーク・ノーアッシ（火薬も燃焼残滓もない）〟で消滅するのである。証拠隠滅ができる秘密通信紙としてこれ以上のものはなかった。また、マッチについては、登戸研究所二科の土方博技少佐が、南方戦線の豪雨、暴風雨下でも一度点火すれば消えることのない優れた耐水・耐風マッチを考案し、広く使用された。

特殊秘密通信用紙としてはほかに、水可溶性のメチルセルローズを主剤とする水溶性通信紙や、東南アジア地域に多いスコール時に必要な耐水用紙として、特殊硫酸紙を作り提供した。また、オブラート製造工場の協力を得て、オブラートを薄く紙のように作り、危機の際飲み込めるようにした。これには飲み込みやすいように味付けまでなされていた。

科研・登戸研究所時代を通じ、秘密通信用紙は見学者が多かった。三笠宮、東條英機陸相、参謀本部高官、随員将校らに秘密戦器材陳列室を兼ねた所属研究室でこうした各種の実験を行って見せるのが通例であった。

八、超縮写撮影装置の試作

昭和十五年春、ドイツ国防軍は独仏国境のフランスの要塞〝マジノライン〟を避け、電光石火の勢いでデンマーク、ノルウェーを占領し大攻勢を開始した。この電撃戦の花形だった機甲師団の実態を知るため、陸軍はドイツに大規模な視察団の派遣を企図した。

山下奉文中将（当時）は技術将校を中心とする視察団をドイツに派遣、登戸研究所からは佐竹金次中佐（のち大佐）が派遣団に加わった。

十六年の初めには、海軍も野村直邦中将を団長に優秀な技術者を選定し派遣した。

ドイツは、日本の陸海軍の要望であった技術的説明会議の開催、指導、軍の施設、軍需工場の現場視察、戦地の視察を好意的に受け入れた。さらに視察団は、戦車、火砲、航空機、潜水艦、高速艇、高性能爆薬、電波兵器、工作機械、人造ゴムの製造技術などの貴重な報告書、調査資料を授与され数班に分かれて帰路についた。

佐竹中佐は、登戸研究所向け器材として超縮写装置、ライツ製比較顕微鏡を受領し、特別に派遣された潜水艦二隻に積みドイツを出発した。潜水艦の一隻は、帰路途中、シンガポール付近で残念ながら海底の藻屑と消えた。

この超縮写装置と比較顕微鏡は登戸研究所に運び込まれると、超縮写装置は丸山政雄少佐に、比較顕微鏡は私に引き渡された。秘密兵器の取扱説明書を翻訳検討のうえ試写に入った。数カ月間の試写の後、篠田所長は丸山少佐に可及的速やかな国産化を命ぜられた。試作は丸山少佐、細川大尉、鈴木嘱託が担当し、国産に邁進した。

超縮写装置の原理は、写真目盛の技術とゴールドベルクの処方を応用したものだった。マイクロ化したい秘密文、暗号、図面などを湿板で撮影して、コントラストの高いネガ原板を得る。その原板にコンデンサーで集光した光を当て、画像を接眼レンズから送り込み、対物レンズの前に感光膜を置いて焼き付ける。つまり、顕微鏡を逆方向に使って縮写するのである。ピント合せは、鏡胴の中間部にセットしたオートコリメーション接眼鏡で行った。こうして現在でも十分通用するマイクロドットの技術を開発し、実用化したのである。

ゴールドベルク処方は、撮影に写真レンズを用いず、かわりに顕微鏡を逆に使うため、検体の明るさを増し、光源に三〇ワットの電球を用いた。遮光フィルターを挿入しても、露出時間は平均一〇秒で足りた。〇・五平方ミリメートルのドットの中に、五〇文字まで撮影できた。

現像は塩化銀コロジューム乳剤を使って直接感光させた処理技術だが、丸山少佐はより高い精度を追求して、研究を重ねていた。

当時の登戸研究所第四科は、各種の秘密兵器を所内で製作していたが、経験を持った技術者と精密機械を整備していなかったため、製品化には八洲精機製作所（現・京セラヤシカ）の技術陣の協力を得た。試作を何度も重ねたのち、国産に成功した。撮影と解像のために、装置を登戸と中国上海にセットして実用に供した。マイクロフィルムは登戸研究所で作り、特殊な極小カプセルに隠して、工作員が偽騙物件として運んでいた。

二科五班長の丸山少佐は、私と同じ昭和二年四月に科研に入所し、主任の新木寿蔵技師（勅任待遇）の指導を受けた。軍用写真技術として、当時日本では未完成であったパンクロ乾板、赤外線乾板の試作を原田一郎技手ほかの技術者とともに科研二部の赤煉瓦の研究室で行っていた。昭和十年ごろ、新木技師は、日本で最初の赤外線乾板の試作、赤外線用感色剤、増感剤を実験的に発見し、乾板の乳剤調整に成功した。

新木技師は様々の被写体を普通乾板、パンクロ乾板、赤外線乾板で比較し、陸軍省、参謀本部、技術本部の関係者に配布し、日本の赤外線写真の軍事利用で初めての赤外線乾板の開発者となった。

臭化銀の固有感色波長以上の長波長に、吸収帯を持つ増感色素で乳剤を染めることで、より長い波長の感光乳剤が得られるというもので、その色素にはシアニン系色素が使われていた。

登戸研究所に二科五班ができたころ、篠田所長よりドイツの諜報機関が試作していた、諜者用のボタン型カメラを受け取った。これをもとにチョッキ、ワイシャツのボタンに偽騙し、ズボンのポケットの中でひそかにシャッターを押すカメラの試作を行っていた。

五班が増員されると、丸山少佐は細川大尉、小泉技師とともに小型カメラを製造販売していた技術者鈴木英次嘱託を徴用し、諜者用カメラの試作に専念した。

登戸研究所から生まれた小型偽騙カメラには、ライター型、マッチ箱型、ハンドバック型、鞄型のカメラがあった。

このほか機密を要しない写真機材として、遠距離撮影用望遠写真機、夜間撮影用暗中写真機、水中撮影用写真機、秘密撮影用潜望写真機があった。また、複写装置として一般用万能複写装置、自動式迅速複写器、電気複写機、携帯用連続複写装置の製作が、光学系機器メーカーの積極的な協力を得て行われていた。

このうち小型偽騙カメラは中野学校実験隊に渡され、諜者用としての機能、偽騙法、形態等の改善点を求める報告を受けていた。

第二章　防諜器材の研究

〔二科〕

防諜活動とは、諜報活動とは表裏の関係にある。自国の秘密戦防衛体制の構成を第一義として相手国の戦力、秘密組織の究明、(諜者）スパイの検挙にあたるもので、そのための暗号、隠語、偽騙器材、重要書類の解読を目的とする。器材としては、安全金庫、防盗装置、警報装置なども含んだものを総称した。

主として防諜機関も憲兵が使用したもので、登戸研究所では、陸軍省防衛課、憲兵司令部の命で、憲兵科学装備器材の研究が行われた。

一、科学装備案の提出

戦局が拡大されるにつれ秘密戦器材による攻撃は激しくなり、秘密戦防衛体制の構成と相手国の秘密戦組織の究明のため、陸軍省防衛課、兵器行政本部、東京憲兵司令部、憲兵学校の首脳部は特殊憲兵による科学装備部隊の編成を決意した。登戸研究所は、満州、中国、南方方面の野戦憲兵科学装備案の提出を求められた。満州事変以来、器材の基礎研究と犯罪捜査研究を継続中であったため、求められた装備案は予想外に早く提出することができた。

いち早く整備強化されたのは関東軍憲兵司令部であった。ソ満国境警備と治安確保のため科学装備の必要性を強調し、検挙、弾圧に関しては群を抜いていた。

日本では、基本的で科学的な捜査研究が乏しく不十分であったが、捜査器材の急速な装備化で、秘密戦の新領域が憲兵の手で開拓されたといってよい。

とくに、科学的秘密通信法と発見法、無線探査法、爆破、殺傷、放火、毒物などの検証（実況検分）法、隠密聴見器材の実用化また、諜報、謀略の手口法、トリックの実戦的調査などは特務憲兵実務として確立された。

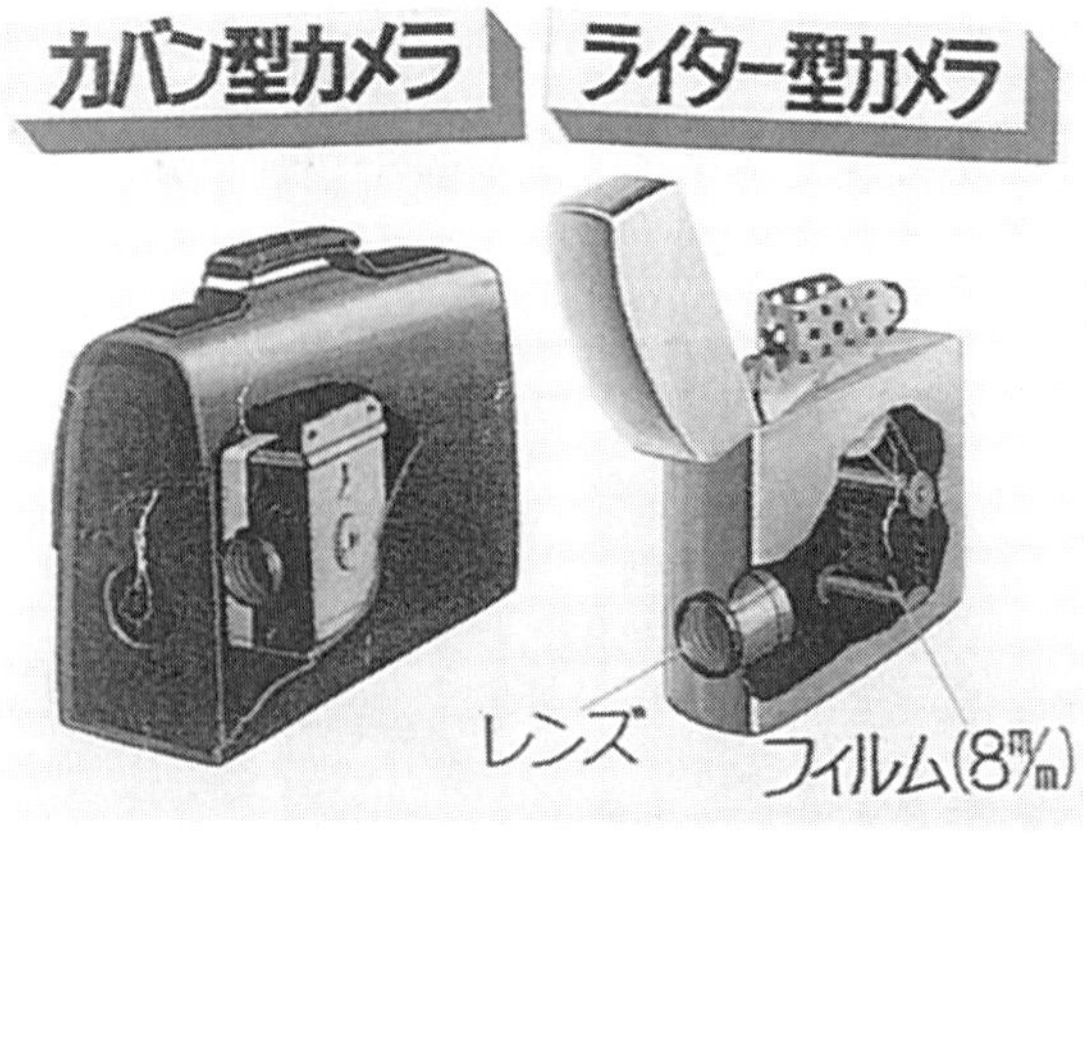

野戦憲兵装備器材には司令部用、隊本部用、分隊用の三種の基準があり、それぞれに対応するものが整えられた。

表２　憲兵用科学装備器材

器材名称	細　部　事　項	用　　　　途
指紋器材	1．指紋押捺器材 2．潜在指紋、採取器材	1．犯罪現場における指紋 a．容疑指紋の採取 b．潜在指紋採取 c．各種指紋検出法 d．布上指紋 e．蹠紋
犯罪現場検証器材	1．犯罪現場見取図作成要具 2．科学的犯罪検証器具	1．見取図作成用具 a．見取図作成の一般的規則 b．見取図と「スケール」法と異なる作図法 c．三角法 2．科学的検証法 a．足紋 b．各種車輪跡 c．各種器具跡 d．歯跡
自衛用具	防弾具	拳銃弾丸防護
郵信検閲器材	1．封書、開封及同還元器材 2．小荷物の開梱及その検閲器材 3．秘密「インキ」の検出用具	1．検閲機関、憲兵隊における信書検閲 2．X線法による梱包物検閲法 3．秘密「インキ」の発見法
捜査器材	1．尾行及防諜器材 2．視聴器材 3．逮捕器材	1．変装資材 2．バックミラー 3．「ステッキ」型潜望鏡 4．録音装置 5．盗聴器 6．簡易自動手錠
科学的犯罪検証法	1．紫外線、赤外線、X線検証法 2．理化学的検証法 3．法医学的検証法	1．火器及弾丸検証 2．血液、精液等の汚点 3．毛髪 4．各種残留物 5．容疑文書

表3　郵便検閲器材の性能

番号	品目名称	構造　　　性能
1	開緘用「ナイフ」	形状の異なる各種の開緘用「ナイフ」を一組とする
2	湿槽	開封用電気恒温、恒湿槽
3	加熱湿潤砂箱	開封用電気加熱式砂箱
4	切開器	開封用機械的切開器
5	封蠟加熱器	封書開封の為封緘封ろうを加熱溶融する電気加熱器
6	赤外線透写枠	一般写真焼付枠の構造で赤外線フィルター及赤外乾板を利用し封筒内容を透写する
7	特殊封筒	赤外線不透過性内封筒 無継偽造防止用封筒
8	特殊封緘紙	使用印刷「インキ」は水溶剤に対し可溶性で開封証拠を残す
9	膠着剤	剝離困難、膠着力大なる「ベンチルセルローズ」系の膠着剤

二、憲兵用装備器材

憲兵用装備器材の概要は表2のとおりであった。このなかで、防弾具は拳銃の弾丸から防護するほかに、護身または逮捕時の装備として高圧電流器が研究されていた。これは現在の「スタンガン」と同じ性質のもので、登戸研究所が発足した当時、ある電器メーカーから試作品試験依頼があった。憲兵学校教官の恒吉憲兵少佐（陸軍法務訓練所教官）とともに性能試験、実用化に取り組んだ。この器具を相手の体に当てると、瞬間、高圧電流が流れ、平衡感覚を喪失させたり失神状態にすることができる。逮捕時に抵抗されるのを防止するという性質を持つものであった。試作品は憲兵学校、中野学校へ提供したが、実用生産には至らなかった。

郵信検閲器材のうち、封書の開封および還元器材をまとめたのが表3である。

第三章　謀略器材の研究

〔二科〕

謀略器材の研究、開発は登戸研究所の主要研究テーマの大半を占め、二科一、三、六、七班が担当した。しかし決戦兵器として実戦に寄与したのはその一部で、大部分は補給輸送の途中敵側の攻撃に遭い、失われてしまった。

謀略器材は、その目的と対象物、方法から区分して、爆破、殺傷、焼夷（放火）、細菌、毒物、偽騙、潜行、連絡、潜在に関連する器材を総称する。さらにこれを集団謀略用、個人謀略用に大別することができる。

登戸研究所の種別表によると、破壊殺傷謀略器材の担当は、破壊謀略（二科一班）班長　伴少佐、主研究者・小島大尉。放火（焼夷）謀略と殺傷謀略がともに（二科一班）で主研究者を班長の伴が兼ねた（表4）。

表4　謀略兵器の種別

分　類	種　　別	科別	班長	主研究者
破壊（爆破）殺傷謀略	破壊謀略	2科1班	伴　少佐	小島大尉
	放火(焼夷)謀略	〃　〃	〃	伴　少佐
	殺傷謀略	〃　〃	〃	〃
生物謀略	毒物謀略	2科3班	土方少佐	滝脇大尉
	植物謀略	〃 6班	池田少佐	小川嘱託
	動物謀略	〃 7班	久葉少佐	久葉少佐

一、破壊謀略器材（爆破および殺傷器材）

爆破、殺傷謀略に使用する爆発性薬剤、火薬類は、当時各国で共通して使われていたものを主剤として、即時点火具と時限点火装置（特殊信管）を併用するのが一般的であった。

爆発性薬剤

爆発性薬剤にはつぎのようなものがあった。
塩素酸塩類（塩素酸カリウム、塩素酸ソーダ、塩素酸バリウム）
過塩素酸塩類（過塩素酸カリウム、過塩素酸ソーダ、過塩素酸アンモン）
硝酸塩類（硝酸カリ＝硝石、硝酸ソーダ、硝酸アンモニヤ）
ニトロセルローズ＝硝化繊維素
ニトロベンゾール、ジニトロベンゾール、ジニトロナフタリン
ピクリン酸、その他の芳香族の硝化物で爆発性を有するもの

火薬類

火薬類はつぎにあげる爆薬と火工品を総称した。
〔火薬〕硝酸塩類を主とする有煙火薬。硝化繊維素を主とする無煙火薬または硝化繊維素とニ

トログリセリンとの結合物を主とする無煙火薬の類
〔爆薬〕雷酸塩（雷汞の類）。起爆の用途に用いる窒化物（窒化鉛の類）。その他の起爆剤。ニトログリセリンおよびこれを主とする爆発薬（各種のダイナマイト）の類。硝酸塩、塩素酸塩または過塩素酸塩類を主とする爆発薬。綿火薬、芳香族系列の硝化物（ニトロベンジン、ニト

伴氏の研究室。現在は取り壊され建て替えられている。

表5　爆破兵器と特殊信管

区分	品目　名称	型　式	爆破種類	信管種類	効力概要	摘要
爆破兵器	小型爆発缶	小　型	研「う」薬三号	即時点火具又は特殊信管	爆破効力半径約4メートル	
	缶詰型爆薬	中　型	研「う」薬三号	〃	爆破効力半径7メートル50キロ軌道切断	

区分	品目　名称	型　式	時　限	時限精度	時限法	摘要
特殊信管	時計式時限装置一号	電気的点火	(長) 12時間 (短) 60分	(±) 5分 (±) 1分	長短針利用	電源特殊注水電池
	化学信管	化学的点火	50分(摂氏30度)	(±) 10分	特殊腐触液によるピアノ線腐触	南方用
	撃発式時限装置	機械的点火	8日以内	(±)1時間	回転板利用	撃発式長時限時計
	即時用点火具	曳索的点火	40秒	―――	黒色薬による	防湿缶入

ロナフタリン、ニトロトルオール、ピクリン酸、テトラニトロアニリンの類〕およびこれを主とする混和物の類

〔火工品〕実包、空包、薬筒、薬包、弾薬包。火薬または爆薬を装塡した弾丸。水雷、雷管、信管、爆管、門管、緩燃導火線、速燃導火線。煙火その他の火薬、爆薬を使用した火工品

これらは、点火、加熱、摩擦、衝撃、日光その他の刺激により爆発しやすい性質を持っているが、ほかの可燃物質と混ぜるとその性質はさらに激しくなる。

登戸研究所では、新爆薬の研「う」薬三号を専用した。医薬品ウロトピンを硝酸で処理してでき

た化学名をトリメチレントリニトラミンという新爆薬を主剤としたもので、陸軍の科学研究所、火工廠で爆薬の権威であった石田栄勅任技師が発明した。柔軟なパテ状で変形自在であり、今のプラスチック爆薬と同様のものである。どんな物にも簡単に装塡できたので、破壊謀略にあたって偽騙の応用が広くなった。

偽騙器材の例として、缶詰型、レンガ型、石炭型、チューブ（プラスチック）型、トランク型、梱包箱型、帯型、磁石型があった。

点火の方式としては、即時点火具と時限点火具があるが、秘密戦では後者を多く使用する。時限点火具は、時計式時限信管（機械的および電気的）、化学時限信管などである。

このほかに、汽車、電車、自動車などを機械的に妨害する妨害用具があった。

登戸研究所の製造工場で大量に調整し、各地に補給した爆破兵器、特殊信管は表5のとおりであった。

二、放火謀略器材

昭和十六年四月、関東軍情報部ハイラル支部長であった小松原朔男が、実験隊長として中野学校に着任した。

当初は秘密戦の基礎および対ソ諜報での潜入、潜行訓練が主であったが、戦局が拡大されるにつれ様々な秘密戦実行の教育訓練が行われるようになった。私は、実験隊で南方での対米遊撃戦のための放火謀略の講義にあたった。第一段階に「火災、焼夷、燃焼とはなにか」という火災の科学から説明を始め、燃焼、発火温度、引火温度、可燃物、酸素供給源、点火エネルギーにわたって火災現象の科学的知識全般を講義した。

油脂または薬剤を用いた科学的手段による放火では、火災現場の発火点に何らかの証拠物件が残されていることが多い。放火が未遂に終わった場合はこの証拠物件の発見は容易であるが、既遂事件の場合は証拠の発見が極めて困難だが、その残渣が残るのが常である。

放火謀略の目的では、原因不明を装うのをベストとする。自然発火、失火、電気が原因などで発火したように偽装するために、工作員は周密な計画が肝要である。工作員が入手容易で一般的な薬剤、発火物としてつぎのようなものがある。

〔引火性薬剤および爆発性薬剤〕引火性薬剤は、揮発しやすく絶えず気体を放出しており、低温でも炎や火花を近づけるだけで発炎する。エーテル、コロジオン、アセトン、二硫化炭素、エチルアルコール、メチルアルコール、アミールアルコール、酢酸エチル、酢酸アミル、ベンゾール、トルオール、キシロール、テレピン油、石油、タール類およびその製品。

〔ガスおよび粉塵〕爆発の危険があるガス、粉塵の主なものとして、粉炭類、アルミニウム粉、マグネシウム粉、硫黄粉、アセチレン、水素ガス、引火性薬剤ガス等。

〔自然発火物〕自然発火物を利用した放火謀略は原因が最も識別しにくい。ある種の誘因が必要条件で、発火するには特定の状態に限られる。空気中で自然発火するものには、つぎのようなものがある。

黄燐／黄燐の二硫化炭素溶液に塩素酸カリウムを混和したものは、二硫化炭素の蒸発後猛烈に爆発する。黄燐は常に水中に保存する必要がある。

還元ニッケル、還元鉄粉／発火性が強い。

乾燥性油（荏油、亜麻仁油、桐油、麻実油等）／木綿布、綿などに浸したものは油の自己酸化により発火する。油の緩慢な酸化作用によって発熱量が蓄積されるためである。特に塗料、印刷物用インキに使用しているボイル油、煮沸亜麻仁油の油浸物は自然発火性を増大する。この自然発火現象には、空気接触面の大小、温度、湿度、日光、熱の蓄積状態、格納方法などの条件が大きな影響を及ぼす。油類のうち、自然発火を起こすのは、上記の乾燥性油のみで、半乾燥性油、不乾燥性油、鉱物性油類は適当ではない。

水と作用、空気中の湿気を吸収して発火するもの／金属ナトリウム、金属カリウムは空気中の湿気に会うと発火する。これらの金属は、石油

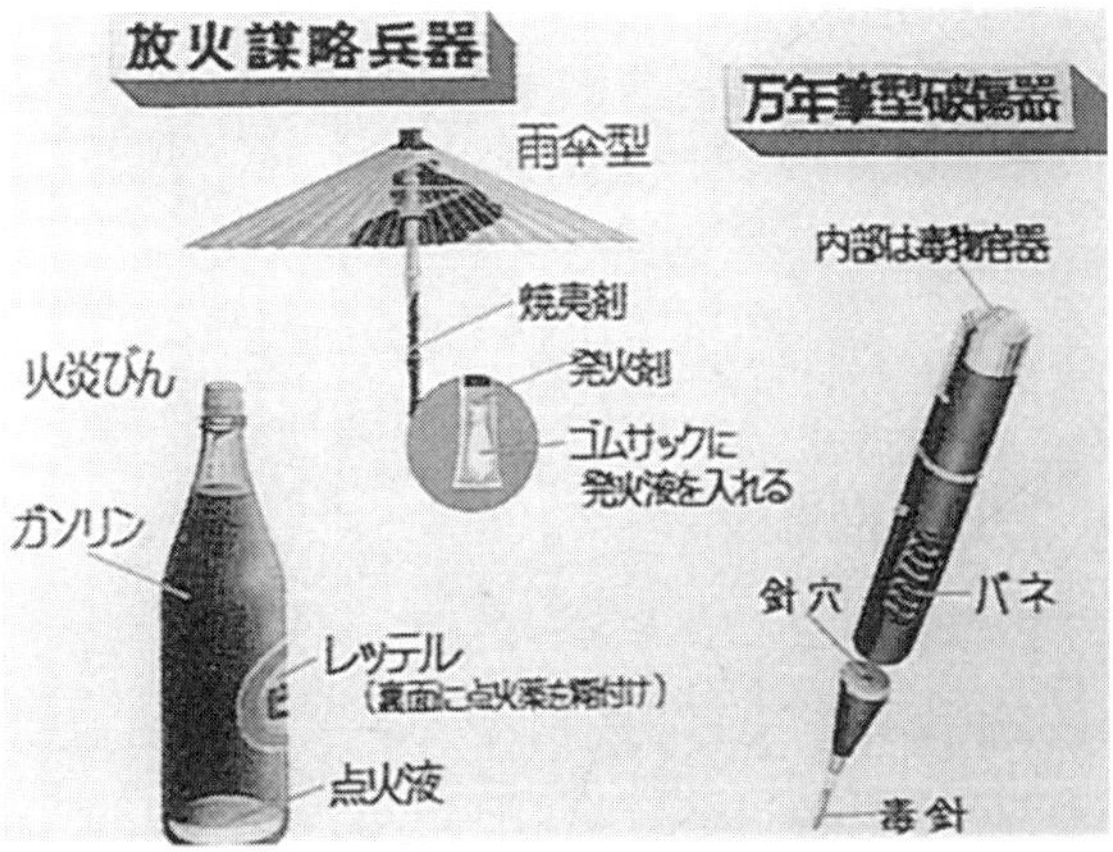

または流動パラフィンの中に入れて貯蔵する。

生石灰／吸湿、水の添加で発熱し、最高八〇〇度に達して付近の可燃物を発火させる。

混合すると発火するもの／濃硫酸と塩素酸カリウムおよび砂糖、乳糖等の混和物、過マンガン酸カリウムとグリセリン

放火のための器材として、成型レンガ型焼夷剤、石鹸型焼夷剤、焼夷筒、散布型焼夷缶、発射焼夷筒、焼夷板、自然発火性焼夷剤があげられる。

点火具は、破壊謀略器材のものとほとんど同じ時限点火具が使われた。

その他の放火方法として、電気利用による放火法、一般可燃物の利用による応用資材利用法、原因不明の放火法があった。

このほかに殺傷謀略器材として、万年筆型、ステッキ型、消音小型拳銃などの偽騙拳銃があった。

第四章　対生物兵器の研究

一、毒物謀略兵器〔二科一班、二班、三班〕

科学研究所時代の昭和八年頃、私と長谷川恒男技手、服部三樹夫技手らは毒物謀略兵器の基礎研究を始めていた。その第一段階は文献調査で、私はまず、法医学、鑑識、毒物、麻薬などの科学捜査資料を集め通読した。さらに、市販されていた『クリミナル・テクノロジー』『ポリス・テクニーク』などを翻訳し、犯罪鑑識技術を習得するため警視庁の鑑識課に通った。こうした成果は、『科研資料』として次々にまとめていった。しかし、科学研究所時代はこうした毒物研究の基礎的なもので、本格的な謀略用毒物の研究と開発は、登戸に研究が移されてからのことだ。

登戸研究所で私は二科一班の勤務となり、コンクリートづくりの研究室が与えられた。その後、三班の土方博技術少佐（明治薬専卒）を班長とする毒物関係研究室が完成し、科学研究所時代から継続の毒物研究が本格化していった。科学研究所第三部からは滝脇重信技手（後に大尉）が転属してきた。滝脇技手は科学研究所で毒ガス、青酸ガスの研究の専門家であった。

昭和十六年十月、技師として毒性化合物研究室勤務を命ぜられると、一班班長として三班の研究に加わることになった。

困難を極めた未知の毒物の開発

二科三班の研究テーマは、毒物全般の基礎研究と、新規の独創的な毒物の合成だった。天然の毒性植物の利用研究も多かったが、既知の毒物ばかりでなく、未知の毒物の合成を目標とした。

研究を行ったものは、つぎのようなものがあげられる。
①毒草系薬物－トリカブト、ドクニンジン、ニコチンなど
②毒蛇系薬物－ハブ、ガラガラヘビ、コブラ、アマガサヘビなど
③魚毒系薬物－フグ毒など
④無機系毒物－亜砒酸、タリウム、シアン化合物、塩素ガス、一酸化炭素ガスなど
⑤有機系毒物（化学兵器）－ホスゲン、イペリット、マスタードガス、アセトン・シアン・ヒドリン（青酸ニトリール）など
化学兵器（毒ガス兵器）は陸軍科学研究所第三部で、生産、貯蔵、防護のための研究をしていたが、登戸研究所（第九研究所）発足と同時の編成替えで、化学兵器研究は第六研究所に移行されていた。登戸研究所で研究された化学兵器資材は、すべて第六研究所から補給を受けて

いたのである。

まず、個々の毒物について、障害を与える効用の種別として消化器系、呼吸器系、麻痺性系、神経性系、それに催眠性系毒物に分け、それぞれの収集と試作に努力した。こうして、既知の毒物についてはだいたい比較検討を行うことができた。

謀略資材としての毒物は、効果の現れかたの速さで即効性、遅効性に二別できるが、遅効性のものなら敵側で原因を特定できないことが多く、秘密戦においては効果は大きい。しかし、この未知の分野の毒物の研究、開発は困難をきわめた。

飲んでも疑われない毒物の開発に成功

一方、使用の面からでは、経口、吸入、刺殺、催眠用に細別できるが、コーヒー、菓子、果物、医薬品に混入して使用する方法（偽騙）も研究し、開発されたものは次々に参謀本部、各軍司令部参謀部に送りそこから工作員に供給していた。

登戸研究所の毒物研究は、終戦まで毎年研究者が増員され、瀧塚旬郎薬剤大尉（千葉医大付属薬専卒。後に薬剤少佐）、杉山圭一技大尉、小堀文雄技少尉（後に大尉）、そのほか技手、雇員多数が研究に携わった。

二科三班の研究目標としていた新規の独創的毒物は、無色、無味、無臭の水溶性毒物の合成だった。飲食物に混入しても疑いを持たれない謀略用毒物が求められたのである。

滝脇技手は、土方班長の技術指導のもと、それまで犯罪に使用されていた青酸カリ、青酸ソーダおよび両者の混在品を研究し、謀略用毒物としての欠点を調べながら、新しい青酸化合物の開発に成功した。

　青酸カリ（シアン化カリウム＝KCN）は無色の粉末で、水には溶けるがアルコールには溶けにくい。致死量は約〇・一五グラム。飲むと胃酸と反応して致死量約〇・〇六グラムという猛毒の青酸（シアン化水素）を発生させ、呼吸作用を止める働きをする。青酸ソーダ（シアン化ナトリウム＝NaCN）も酸、二酸化炭素と化合して青酸を発生させる無色の結晶である。しかし、青酸は苦扁桃臭という独特の臭いがする。水に溶かして飲ませようとしても、独特の舌を刺すような刺激的な味で相手に気づかれることがあり、これをうまく隠す巧妙な手際の良さが要求される。

　新製品は、青酸と溶剤のアセトンを主原料とし炭酸カリを加えたもので、この青酸化合物を登戸研究所では、アセトン・シアン・ヒドリン（青酸ニトリール）と呼んでいた。

　アセトン・シアン・ヒドリンの化学式と分子構造は次の通りである。

$$CH_3COCH_3 + HCN(K_2CO_3)$$

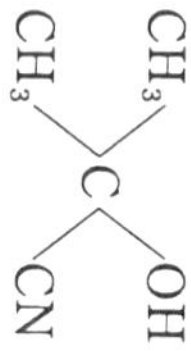

　アセトン・シアン・ヒドリンは無色、無味、無臭といってよく、青酸カリに比べ安定している特長があった。青酸カリが固体なのに対し、水にもアルコールにもよく溶けて飲食物に混合

しやすい液体である。そのままでは青酸が揮発するため氷で冷却する必要があるが、注射用のアンプルに封入すれば保存と運搬が容易、という謀略毒物として優れた性質を備えるものだった。胃液の中で青酸が遊離して青酸ガスを発生させ、中枢神経を刺激しマヒが起こる青酸中毒死であるのは青酸カリと同様である。青酸カリ、青酸ソーダの分子中のCNが等しく、症状は全く同一だが、もし、原液を注射液として使用すれば、数倍の効果があるであろうことも予想された。

人体実験のため南京に出張

昭和十六年五月上旬、二代目の二科長畑尾正央中佐（後に大佐）を長として、一班長で当時技師の私、三班長土方技師と三班の研究者、技術者の計七名は、篠田所長から南京出張を命ぜられた。参謀本部の命によるものだった。

出張の目的は、試作に成功し動物実験にも成功を収めた新毒物の性能（毒力）決定、すなわち人体での実験を行うことであった。

この実験にあたって篠田所長は、関東軍防疫給水部（昭和十六年八月から秘匿名・満州第七三一部隊に改称）の石井四郎部隊長（当時軍医少将）と参謀本部で接触し、実験への協力に快諾を得ていた。関東軍防疫給水部は日本軍の極秘細菌戦部隊として設けられたが、薬理部門では青酸化合物などの研究も行われていたからである。

そこでの取り決めは、実験場所を南京の国民政府首都守備軍（指令長官・康生智将軍）が遺棄した病院とし、実験期日は南京の中支那防疫給水部が指定する。実験期間は約一週間を見込み、実験者は同防疫給水部の軍医で、実験には登戸研究所からの出張員が立ち会うというものだった。実験対象者は中国軍捕虜または、一般死刑囚約十五、六名、とされた。

六月十七日、登戸研究所員らは長崎港を出発、海路上海を経由して南京に到着すると、支那派遣軍総司令部参謀部に出頭し、出張申告を行った。

実験のねらいは、青酸ニトリールを中心に、致死量の決定、症状の観察、青酸カリとの比較などだった。経口（嚥下）と注射の二方法で行われた実験の結果は、予想していた通りで、青酸ニトリールと青酸カリは、服用後死亡に至るまで大体同様の経過と解剖所見が得られた。また、注射が最もよく効果を現し、これは皮下注射でよかったことも分かった。

青酸ニトリールの致死量は大体一ＣＣ（一グラム）で、二、三分で微効が現れ、三十分で完全に死に至った。しかし、体質、性別、年齢などによって死亡までに二、三時間から十数時間を要した例もあり、正確に特定はできなかった。しかし、青酸カリに比べわずか効果が現れる時間が長いが、青酸カリと同じく超即効性であることには変わりがなかった。

捕虜・死刑囚に対して行われたとはいえ、非人道的な悲惨な人体実験が行われたのである。戦争の暗黒面としてこれまで闇の中に葬り去られてきたが、いまこのいまわしい事実を明らかにしたいと書き綴った。いまは、歴史の空白を埋め、実験の対象となった人びとの冥福を祈り、平和を心から願う気持ちである。

二、植物謀略兵器〔二科六班〕

微生物を使った兵器

登戸研究所の二科は、第一～五班の順に研究室、実験場が建設、整備されていったが、対植物謀略兵器を研究する六班は、対動物謀略兵器の七班とともに最後に設けられたもので、登戸研究所内の南部高台にある広い場所に研究室、実験場があった。

植物謀略兵器は、植物、農作物、果樹に対して、細菌、ウイルス、破壊菌などの微生物を使って、大きな被害を与えるものを称した。登戸研究所での基礎研究の後、実地試験を関東軍司令部に六班の研究員を派遣し、軍参謀直轄の技術研究部で培養、実験の技術指導にあたった。しかし、その成果については詳しく知ることはなかった。

篠田次長の直属班長として池田義夫技師（後に技術少佐）が任命され、米原弘技術大尉、小川隆嘱託、松川仁技手、奥谷禎一技手、そのほかに多くの技手、雇員が研究に従事していた。

終戦の前年の昭和十九年には、この研究の中止命令が出て、植物謀略研究は終わった。

ここでは、六班の設置当初から昭和十九年までの研究員だった松川仁雇員（後に技手）の手記を紹介する。

〔松川仁の手記〕

私が東京農大を卒業したのは昭和十一年で、昭和の初期から続いていた不況のさなかだった。二・二六事件があったのもその年である。大学は出たけれど、という自虐的な雰囲気の中で、これといった就職先がないままくすぶっていた。翌十二年には盧溝橋事件が起き、八月に召集礼状が来たが、翌日帰郷になった。そんな時、陸軍技術本部で写真の技師をしていた知人から、科学研究所に勤めないか、という誘いがあった。たいして前後のことも考えず応募したのは昭和十三年も押し詰まった頃だったと思う。

陸軍科学研究所は戸山ケ原の大久保寄りの一角に位置し、門は技術本部から入って右側にあった。部屋は一室だけで、東大農学部植物病理学研究室の小川隆助手が嘱託として週二度出勤するほかは、毎日出勤するのは私だけだった。当時、東大植物病理学研究室には教授はいなくて、下等菌類の研究で知られる草野俊助名誉教授、講師に明日山秀文農事試験場技師（後に教授）、ほかに助手が三名、副手が一名だった。

毒キノコ栽培実験

最初、仕事の内容は知らされなかったが、主要作物の病害になる微生物に関する研究であることは、分かっていた。微生物には線虫などの極小動物、真菌、細菌など光学顕微鏡で確認するもの、当時日本にはまだなかった電子顕微鏡でしか確認できないウイルスがある。ウイルスは不可視性病原体としていた。そうしたものの一部は、小川嘱託によって本郷の東大から研究室に運びこまれていたが、その種はまだわずかであった。

その頃の研究室の主な設備といえば、かつて化学実験室だった名残の分厚い実験台が真ん中に収まり、脇にコッホの細菌釜、乾熱滅菌器、ガラス器具、机の上の顕微鏡ぐらいのもので、それ以外のものは、これから調達する段階だった。小川嘱託は、この研究班が科学研究所にできて間もなく、シュミット商会の日本の代理店を通じて、ドイツの光学顕微鏡を二点発注していた。ところが、日米開戦の少し前、ドイツはモスクワを攻撃し始め、シベリア経由では荷物が届かないことが心配されたが、後に幸いなことに登戸研究所に届いてきた。

さしあたっての私の仕事は、研究に必要な資材の購入、菌種の植え継ぎ、それに必要な培養基（培地）の製作、文献の調査などだった。真菌の培養基には、馬鈴薯煎汁寒天を主として使っていたので、資材購入伝票には野菜類が入っていた。研究所の研究対象に、それまで生物関係のものはなかったので、あそこの研究室では自炊をしているのか、と経理係ではもっぱらのうわさだったという。

そうこうしているうちに、登戸実験場に新しい研究棟が準備されて、引っ越す話が出てきたのが、年が明けて昭和十四年のことだった。登戸に移った当時は、研究員も少なく、稲田登戸の駅に迎えにくるジーゼルバスにゆっくり乗れるほどだった。それが、一台のバスでは乗りきれなくなるほどの大人数になっていくが、それは二、三年後のことである。

元高等拓殖学校の本館に本部が置かれ、所長室、図書室、総務と経理室が入った。一科は学校の教室を改造したところに入り、斜面近くを少し削ったかたちで、木造の二科の庶務、高野泰秋技師（後に少佐）の「せ」号車関係、伴技師（当時）の研究棟、村上忠雄技師（後に少佐）、土方博技師（後に少佐）の研究棟が続いていた。それから少し離れて六班の新しくできたコンクリートづくりの研究棟がほぼ並んで建っていた。この建物も従来から陸軍部内にあった化学実験室そのままで、微生物学の研究室としては、ややもの足らないところがあった。その一つは無菌室がないことで、設計変更を頼んで、高圧殺菌釜に連続した無菌室をつくってもらうことにした。

昭和十五年になり、ようやく研究室の設備も整い、農学校出の大久保工員、石橋工員も入ってきた。スタッフの充実で小川嘱託と私は、初めての出張を試みた。北大にキノコの権威である今井三子農学部助教授（植物病理

第二科の研究室の建物。
現在も明治大学の研究室
として使われている。

学、菌学）を訪ね、次いで、空知郡にあった東大の山部演習林で毒キノコの採集をし、菌糸の移植を試みた。毒キノコの栽培は村上技師の発案だった。毒キノコには多くの種には会えなかったがベニテングダケだけは豊富にあり、菌体からの移植をしたが、一週間後、登戸に戻ってみると斜面培地に菌糸は活着していなかった。同時期にヒラタケに試みたものでは、盛んに菌糸を伸ばしていたのは皮肉に思えた。

中国で小粒菌核病菌散布実験

昭和十六年十二月八日、真珠湾攻撃でアメリカとの戦争に突入した。その頃の六班の主研究対象は、アメリカを意識して小麦、コーン、馬鈴薯の病害菌だった。

対　小　麦…条班病菌（不完全菌）、穀実線虫（線虫）、雪腐病菌（菌核）ほか

対コーン…黒穂病菌、媒紋病菌ほか

対馬鈴薯…瘡痂病菌（糸状細菌）ほか

これらの他にも目は向けていたが、人員が少なく研究対象に多くのものを抱えられない事情があった。

昭和十七年に入ると、研究者の増員が図られ、小川嘱託の推薦で西が原の農林省農事試験場で病理部門を担当していた池田義夫雇員（東大農学科卒）が入所してきた。それ以外に私の後輩である藤沼智忠雇員（東京農大農学科卒）や、土生昶申雇員（東京高等農林学校卒）、それに農学校出の若い人たちも入ってきた。東大農学部講師の藍野祐久嘱託が、昆

虫部門に加わったのもこの時であった。六班は、いつの間にか十数人の大所帯になってい
った。その後、研究施設の拡充が図られ、敷地続きの谷向こうに新しい研究棟が建てられ、
六班はそこへ移ることになる。

私は、それまでアメリカを意識して、小麦を対象に基礎実験を繰り返していた。しかし、
応用となると思いがけぬ困難が伴うことが分かってきていた。兵器として菌類を使うこと
は、戦争が総力戦といわれるようになってから考え出されたことで、農学で研究されてい
た予防、防除とは正反対の攻撃に使うわけで、兵器化にはそれなりの基礎研究が必要だ。
作物に人為的に病害を大発生させるのは、やさしそうに見えて実は大変むずかしい。大発
生は、あらゆる自然の条件が整って味方した場合に起こる。人為的に起こすには、気温、
湿度、栄養状態がうまく合致することが必要だった。兵器となる使用菌種の保存にも、む
ずかしい問題がある。ただ、菌を大量に培養して散布してみても、大きな効果は期待でき
ないのであった。

当時の日本は大東亜戦争のただ中にあったが、日中戦争もそのまま進行していた。重慶
に退いた蒋介石政府との和解もつかぬまま、中国各地には日本軍が点と線の形で駐留して
いた。参謀本部では、なんとか日中戦争の終結を図るべく模索の段階でいた。そんな中に
一部で生物謀略への思いが出てきたのだろうか。

ある日、池田研究室に大量の大型三角コルベンが運び込まれた。室内だけでなく廊下に
も、所せましと並べられた。稲ワラを細かく切ったものが培養液の上に浮いていた。菌糸

はあまり目立たなかったが、やがて稲ワラに黒い小粒ができはじめた。私は、稲の茎鞘や茎を腐敗させ倒状させせる小粒菌核病菌だろうと想像していた。当時私は、小麦の雪腐病菌、条班病菌、穀実線虫、馬鈴薯の瘡痂病菌、コーンの黒穂病菌、などを受け持っていて、特に条班病菌に重点をおいて研究していたので、この稲の小粒病核病菌のことはまったく知らなかった。

そのうち、私は所長に呼ばれ、中国での散布実験の責任者になるよういわれた。小粒菌核病菌は昆虫などの加害稲に発生が多いことから、藍野嘱託、土生研究員の助言でニカメイチュウ（二化螟虫）も一緒に使うことになった。

ニカメイチュウは、幼虫が葉や葉鞘、さらに茎の中など髄に食い入る、日本では稲の最大の害虫である。出穂時に食害にあった稲は、収穫期に強風に会うと倒伏してしまう。分布の東限は、日本では北海道、当時の満州など北緯四五度くらいから西はインドにおよぶ広い範囲で、西日本と中国中央部でとくに被害が大きく、当時、全国平均で三パーセントにもなるとみられていた。だが、その発生は突発的なものでなく、慢性的なものだった。日本北海道など低温地方では年一回、台湾では年三、四回の発生が可能とされていたが、日本では普通、年に二世代を繰り返すために二化螟虫と名付けられていた。

研究室には、日本各地から、ニカメイチュウの被害にかかった稲ワラがトラックに二台ほど届いてきた。すでに昭和十七年も四月になっていた。実施は六月の予定だから、それまで羽化しないように祈るしかなかった。

四月十八日、研究所内でやや高台にあった鉄骨製の望楼（高さ約十メートル、径約六メートル）の上で、飛行機から散布する落下傘付き散布器の試験をしていた。タコ気球を揚げて、そこからの落ちぐあいを調べていた昼少し前だったと思う。川崎の方向で高射砲がやたらに炸裂した。演習にしては少し激しすぎる、と感じていたところへ低空を這うようにしながら、胴の太い黒い飛行機が私たちの上をかすめて飛び去って行った。後に、それがアメリカ空軍の初空襲だったと、新聞で知った。すでにアメリカと交戦状態にあることを、改めて思い知らされたできごとだった。この時の散布器は容器としては使われたが、実際には証拠となるために投下はされなかった。

兵器輸送の責任者は庶務課の中本中尉に決まった。杉本研究員を助手として私は、五月末長崎港から神戸丸で上海に向かった。

途中霧がかかって船足は鈍り、汽笛を鳴らしながらの気味悪い航海だった。アメリカの潜水艦が東支那海をうろついている情報は耳にしていたから、なおのこと不気味さに拍車をかけていた。

幸い何事もなく、翌朝無事上海に着いた。荷物は気になったが、中本中尉に任せていくらか気は楽だった。南京までは貨車輸送で、貨車の後ろにつながれた二等の一般客車だったから、中国人とも一緒だった。南京まで距離はそれほどないのだが、汽車はのろく途中名もない駅で長いこと停車したままでいた。車内ではいろいろな情報が飛び交い、沿線で戦闘があることなども語られていた。

朝になって南京に着くと、陸軍倉庫の将校が荷物の受け取りに来ていた。トラックで郊外に出ると、歩車道に分かれた広い道には舗装がなく、植えてある並木にも生気がなかった。燃料として持ち去られるという話だった。中山陵だけは青々と緑があったが、特別の警備下にあるとのことで、そうでないと、燃えるものは何でも持ち去るとのことだった。

飛行場に着いて、格納庫の一角に件の荷物は収まった。収容の筒から液体が少し滲んでいた。倉庫の将校は興味をもったが、無理に聞き質してはこなかった。中本中尉と私は、宿舎の兵站旅館（旧南京ホテル）に入り、杉本研究員は兵舎まで送ってもらった。

翌日、中支派遣軍総司令部の参謀たちとの打ち合わせがあった。会議は中佐が主宰したが、東京で会っている参謀たちとは、目付きも気概も違っているように見えた。前線に近い緊張感があったからだろう。会議の結論は次のとおりだった。

一、今回の散布はあくまで実験として実施する。

二、攻撃目標は湖南省洞庭湖の西側、桃源・常徳付近の水田とする。

三、証拠を残さないため、投下器は使わないで直撒きとする。

四、細部については、現地（武昌）の部隊と打ち合わせる。

五、現物は揚子江を船で運搬する（担当は奥平中尉、中本中尉、杉本研究員）

六、司令部の裏に水田をつくり、経過を見る。

司令部の裏を見たが、試験田を作れるような地勢ではなかった。司令部の排水が唯一の水源で、向いていないことは分かっていたが、恰好だけのものをつくった。苗は憲兵のサイドカーで郊外で貰い受けてきた。ここから見える丘の向こう側は中国軍の占領地だと聞かされた。南京も町中だけは日本の占領地だが、少し外れると敵地であることもその時知ったのである。

試験田の整備も終わり、運搬の船は揚子江を遡って行った。私も後を追うようにして、武昌に行くのだが、ちょうど後宮派遣軍総参謀長が武漢三鎮を視察する計画があり、担当参謀からその飛行機に同乗するようにいわれた。窮屈な思いの武昌行きだったが、私は初めて大別山脈を越え目的地に向かった。

到着した飛行場には、駐在部隊と思われる数十人の将校が参謀総長を出迎えた。一行が車で走り去った後に、私は一人取り残されていた。ただ不安の一語で、見当もつかないいま、もう一つあるという飛行場へと草の道を歩き始めた。ようやく部隊の所在が分かり、かろうじて連絡がとれて宿舎の金城旅館に自動車で送られた。中本中尉たちはのんきにどてら姿でいた。中国式の建物だったが経営者は和歌山の出身で、夕食にマグロの刺身が付いていたのには驚いた。

朝になると、部隊のトラックが迎えに来た。荷台には何もなく常に揺れたから、腰で調子をとらないと放り出されるおそれもあった。

部隊で打ち合わせがあった。使用する機は97式重爆撃機の三機編隊。目標は南京の司令部で決めたとおり。操縦士、通信士のほかに、敵の攻撃に備えて銃手一人。研究所からは私一人が同乗することになり、中尉の飛行服を借りることになった。

問題があった。ニカメイチュウはすでに羽化して使いものにならなかった。容器を開けると白い蛾はいっせいに飛び立ってしまった。小粒菌核病菌は、乾燥を防ぐため湿ったままにしてあったから、粉末状のものと違って扱いがむずかしかった。投下器は使わない取り決めだったので、ただの容器として使うのだが、それには円筒で安定が悪かった。

爆撃機内部は投下器の設計のため見ていたが、実際に飛ぶのは初めてのことだった。旅客機と違い正面の視野が一八〇度ある。正規の座席がなく、弾倉のコルク板の上に腰掛けていたが、エンジンがかかると強い力で後ろに引っ張られ、私は金具につかまってかろうじて姿勢を保っていた。四方に目を配っていたが、敵機らしいものは現れなかった。

雲の切れ目から大きな湖が見え始めた。機内はエンジンの音で、会話などできない状態だった。後方の銃手が、手まねで左下方を何度も指さしていた。すでに爆撃が済んでいたらしく、市街地の所どころから黒い煙がかなり上がっているのが見えた。

散布の時が来た。積み込んだ鉄製の円筒容器を、腹側の窓からただ落とすだけの方法だったから、吹き込みを心配したが、順調に落ちていってくれた。持ってきたものを全部散布し、任務は終わった。あとは、出るか出ないか分からない結果を待つしかなかった。

帰りの船の便を待つ間、奥平中尉の案内で漢口の町を見せてもらった。揚子江はこのあたりでも川幅が約二キロ位はあるらしく、船着き場のかたわらで新聞を売っている子供の呼び声が、今でも胸の奥にある。「大陸新報」が「ダーローシンボー」のように、私には聞こえた。

あくる日の朝日新聞には、一面の左隅に「わが爆撃機は、常徳、桃源を空襲し、敵陣に多大の損害をあたえて、無事帰還した」程度のことしか書かれていなかった。

帰路は酒造菊正から徴用された二千トン級の貨物船に便乗した。船底の浅い貨客船に満杯に積まれた日本軍の一隊が、多くの馬とともに、私たちの帰るのとは逆方向にすれ違って行った。召集されて、見も知らぬ所に運ばれて来た人たちを思い、私はまだ幸せだと思うしかなかった。

実験の結果はどうだったか。なにぶん敵地で実施した実験ゆえ、その結果はつまびらかでない、という結論に終わっていた。

昭和十八年になると、また新しい人たちが入って来た。大学や民間の研究所では研究費や人、資材の面で研究らしい研究ができなくなっていたため、軍の研究所に入る人も多かったようだ。

その頃、私は生物兵器の開発研究に疑問を持ち始めていた。最も力を入れていた小麦の条斑病菌の基礎研究にすでに四年をかけていた。瀬戸内海周辺地域から集めた系統だけでも、三十にもなり、それらの発病性、耐熱性、培養の順応性などについて、かなり分かりかけていた。だが、それ以上研究を先に進めるのを、なぜか拒む気持ちが出ていたのだ。一時的に兵器として成功しても、やがて自分たちもその被害から免れることはできなくなるのではないか、という考えが私を動かし始めていたようだった。その代わり、私の目はキノコに移っていた。

キノコの研究は、毒物を扱っている研究班からの依頼があって関心を持ったのだが、キノコは戦争とのかかわりが少ない、ということを根拠に、条班病菌の基礎研究は後進に任せてキノコに熱中するようになったのだった。敗戦が目前に迫っていたころ『茸』という本を書き上げたが、無届け出版ということで、研究室から二科の庶務班に回されることになってしまった。

昭和十九年三月、辞表を出して許可され、その後は三井農林に入り、台湾支店で終戦を迎えた。

三、動物謀略兵器〔二科七班〕

防御できない恐るべき兵器

生物兵器は、人や動植物を殺傷させることを目的に使われる、細菌などの微生物やそれが生産する毒素を含む。微生物を短時間にわずかの費用で繁殖させ、工作員の謀略または戦場での大量殺戮兵器とするものだ。この兵器の特徴は、攻撃された側は使用された微生物、細菌を検出特定するまで、何の防御手段を講ずることができないだけでなく、心理的な恐怖から戦闘力を大きく喪失させる。もし、毒力を人為的に増強させたり、知られていない病原菌や、未知の新しくつくられたものだと、治療は事実上不可能で、伝染するものなら広がるにまかせるほかないという恐るべき兵器といえる。

七三一部隊と一〇〇部隊

旧日本軍が生物兵器の研究を本格的に開始したのは、昭和五年のことである。この研究開発を行ったのは陸軍技術研究所ではなく、石井四郎軍医（終戦時軍医中将）の石井機関と呼ばれる細菌戦部隊だった。その研究中枢は東京にあり、軍陣医学と軍医養成の陸軍軍医学校だった。同校の防疫部では、軍隊のための予防接種やワクチンの研究製造をしていたが、昭和七年に防疫給水部隊員の教育と濾水機の研究製造を掲げた防疫研究室が生まれ、国内の有力研究者を総動員した細菌戦研究の頭脳的中枢になる。一方、満州のハルビンでは昭和十五年、石井部隊長の、関東軍防疫給水部（翌年、秘匿名「満州第七三一部隊」に改称）がつくられ、戦闘拡大にともなって支部が設けられた。ここでは、細菌戦兵器実用化のための各種の実験と、細菌の大量培養が行われた。また、同時にもうひとつの関東軍細菌戦部隊として、満州一〇〇部隊（関東軍軍馬防疫廠）も極秘裏につくられている。

明治大学生田校舎の正門脇にある「動物慰霊碑」。昭和18年３月に登戸研究所によって建てられた。

登戸研究所では、篠田所長の発意で昭和十五年から動物、主として牛、馬、豚、家禽類を対象とした生物謀略兵器研究室が建設された。当初、陸軍軍医学校からチフス、ペスト菌などをもらって研究していたが、戦争末期には、対人用生物兵器は石井機関で、また、対動物用生物兵器を登戸研究所が担当となった。

はじめは小規模な実験場で、基礎研究と実験が行われていた。研究実験したのは、対人細菌兵器（七三一部隊が研究開発したもの。チフス菌、コレラ菌、ペスト菌など）、対動物謀略兵器（牛疫、豚コレラ、羊痘、家禽ペスト）であった。

昭和十八年後半から、戦局が日々不利になるにつれ、実戦応用予備実験の拡大強化が迫られた。二科七班では牛疫病毒の生産、培養、試作に成功し、釜山近くで野外感染実験が行われた。

次に紹介するのは、七班長だった久葉昇元獣医少佐が戦後になってまとめた研究概要の要旨である。

［久葉　昇の手記］

私が登戸研究所二科七班に着任したのは、昭和十八年四月だった。きっかけは、その少し前、陸軍獣医学校を訪れた登戸研究所の川島秀雄技師が、甲種学生として入校中の私と、同校の病理学教室で面会したことからであった。川島技師は東大農学部獣医科卒で、当時、農林省家畜衛生試験場細菌部の主任研究員、昭和十五年からは登戸研究所の嘱託として勤務していた。東大農学部獣医学科卒で細菌学、病毒（ウイルス）学では日本のトップ研究者だった。終戦の年には農林省獣疫調査所の技師を務め、戦後は東京農大教授となられた。

川島技師が陸軍獣医学校を訪れたのは、二科七班の班長要員として病理学専攻者の推薦を得るためだった。こうして私は、獣医学校の市川収教官（後に東北大教授）の推薦を得て、登戸研究所勤務を命ぜられた。

実戦を企図した家畜伝染病の爆発的流行

そのころ登戸研究所の代表的な研究は、風船（気球）を使い、爆弾、焼夷弾を重点投下するほか、動物に対する謀略として一挙大量殺戮兵器を企図していた。着任早々の私は、二科七班の研究の方向を早急に検討することになった。稲田登戸駅から研究所への往復の間、急性伝染病を牛に感染させる方法を深刻に考えた。そして、敵国牛乳の生産に重大な支障を来たせば、敵国民の生活は混乱し、ひいては戦争放棄の方向へ向かわせようという謀略を、最終目的として。研究のテーマは「風船爆弾搭載牛疫粉末病毒を以ってする対米攻撃」が可能かどうか、であった。そこで次の事項を研究の重点項目とすることにした。

牛疫および豚コレラの爆発的流行

重点を牛疫の研究におき、豚コレラを従とする

満州における自然発生牛疫の強毒野外病毒の分離

分離病毒の牛継代による毒力の強化

長期毒力の保存を目的として、病毒の凍結乾燥による粉末化
強力粉末化病毒を用いて、牛に対する野外実験
強毒粉末病毒を積載した風船爆弾を用いての牛の大量殺戮

この研究内容の想定には、川島技師のほか朝鮮総督府家畜衛生研究所（現釜山市・岩南）の中村稕治技師の協力を得た。

牛疫はウイルスによる牛固有の世界的規模をもつ伝染病で、死亡率は朝鮮牛及び和牛なら一〇〇パーセントで最大の被害を与える。十八世紀にヨーロッパで爆発的に流行した。牛疫流行の原産地はシベリアで、日本国内には、明治初年に朝鮮半島経由で侵入、予防法がなかったため牛を飼うのを断念するほどだった。明治末期になって蠟崎千晴博士の予防ワクチンが登場するまで、牛のペストといわれて恐れられた。中村技師は東大獣医学科卒後、大正十五年から朝鮮総督府家畜衛生研究所に勤務し、牛疫の研究を続けていた。中村技師は、牛疫の毒をウサギに接種し、約十五年間約百代にわたって繰り返しているうち、病毒性が弱くなったワクチンができ、蠟崎ワクチンより進んだ予防ワクチンを創製した。そのころ大東亜戦争が始まり、ワクチンは備蓄されたが、日本では使われることがなかった。

登戸研究所は昭和十九年五月、中村技師と朝鮮総督府家畜衛生研究所の伊佐山伊三郎所長を嘱託に任命、この研究への協力を得ることになった。また、研究協力者として日本高等獣医学校（現日大農獣医学部）卒の堀田徳郎嘱託を得、ソビエトの畜産事情について東

大農学部畜産学科の佐々木清綱教授に研究を委嘱した。研究の庶務係には岩佐猛氏を専任し、研究が始められた。

強毒野外牛疫病毒の分離、継代と毒力検定

野外強毒病毒の分離は、奉天の満鉄獣疫研究所と連絡をとって行われた。野外での牛疫自然発生、とくに斃死牛の多発地区について通報を待っていたが、四平街の西の通遼に流行している、との通報を受け、昭和十九年四月上旬、堀田嘱託が出張した。同地区は日本から移住した集団農場があり、牛疫に感染した斃死牛が散乱していた。堀田嘱託はその中から死亡直後と思われる二頭を選び、顎凹、腸間膜両リンパ節を採取し、四個の広口ガラス瓶に入れパラフィンで密封した。広口ガラス瓶は現地の雪と氷を詰めた魔法瓶に入れ、病毒の毒力低下を防ぎながら持ち帰った。

同夜、釜山の家畜衛生研究所に到着し、冷凍室に収容した。翌日、中村技師に報告の後、牛に接種して継代し、病毒の毒力の強力に努めるとともに、毒力の検定に成功した。

乾燥牛疫病毒の製造

強力な毒力をもつ牛疫病毒の分離に成功したので、次に実戦応用を目的とした粉末病毒の製造にとりかかった。強毒株を用いて感染させた牛から顎凹リンパ節を採取し、磨砕したものに小麦粉を加えて展開し、デシケーター内で真空ポンプを使い約六時間で乾燥させ、

さらに細粉化した。この操作によって得た病毒を、粉末病毒と呼称することにした。この成功には、中村技師の指導と堀田嘱託が考案した独創的な痘苗急速乾燥法を応用したことが大きかった。

粉末病毒はアンプル内に密封し、牛の継代番号等を記載して冷凍室に保存した。この粉末病毒は、生病毒を対照とした耐熱日光暴露実験と、低温耐過実験を行った。日光暴露実験の結果、生病毒は感染力を失って無毒化したのに対し、粉末病毒は強毒で牛に感染、発症して斃死させることができた。また、マイナス七〇度下で実験した粉末病毒のほうも、牛を感染、致死させせたのであった。

粉末病毒の実戦応用予備実験

実験成績をもとに、実戦に応用するための予備実験に移った。家畜衛生研究所第一部の敷地内の隔離牛舎を利用し、粉末病毒の皮上塗布、注射器を使って口腔内に噴霧して感染させる経口感染の二つの実験を行った。ところが、数回行われた実験の結果は、いずれも陰性であった。失敗続きの実験で、実地応用は不可能であるかのように感じられた。

牛疫の感染に関して、専門書には消化器感染と書かれている。しかし、この記述は次の実験結果から誤りであることが判明する。いくどか実験が失敗に終わったある日、病毒が一ミリグラム入ったアンプルが残っていた。たまたま健康な牛一頭が残っていたため、堀田嘱託が粉末病毒を牛の鼻腔内に噴霧してみることを提案した。中村技師の同意を得て実験してみると、この牛は、定型的な牛疫の症状を示して斃死したのである。

この実験結果に力を得て、同様の実験を繰り返したところ、微量の病毒であっても鼻腔内に入った場合は、一〇〇パーセント感染する事実を立証することができた。さらに驚くべき事が発生した。この実験期間中、病毒部から約一〇〇メートル離れた細菌部（部長・越智勇技師）につないでおいた牛一〇頭全部が、牛疫に感染して斃死してしまった。二つの部に人の交流は、特定の場合のほか行われていなかった。粉末病毒を製造中か関連作業中に、粉末病毒が飛散して感染したと想像された。

実戦用牛疫野外感染実験（昭和十九年五月）

鼻腔内感染が必発であるという結果から、実戦用の感染実験を行った。実験場所は、家畜衛生研究所の血清製造所の西、朝鮮洛東江の海岸に近い大きな三角州の一部（甘泉地区）を選び、堀田嘱託が、実験に好適な比較的平坦で広い土地を発見し、実験地とした。

私は、釜山憲兵隊隊長に協力を依頼し、堀田氏は実験前日から現地に泊まり込み、風速、風向その他周囲の状況の調査に専念した。登戸研究所からは、私以下六名で五月十日釜山に到着した。第八陸軍技術研究所からは爆破専門の宮崎准尉ら六名が参加した。

実験の任務分担は、爆破係、監視係（牛の運搬、配列）、写真撮影および炊事係としそれぞれ人員を配分した。

粉末病毒の散布は打ち上げ花火を使った。空中で火薬の熱が粉末病毒におよぶのを防止するため、防熱用に薄い板を張った三重のボール箱をつくり、もっとも内側の箱に粉末病毒五〇グラムを入れた。打ち上げ花火用爆破装置は、宮崎准尉が準備し、釜山の研究所に送付した。

実験に使った牛は十頭で、固定の杭に立たせたまままつなぎ、発火地点より風下三十メートルに位置する第一線に三頭、その他は図のような配置にした（図省略）。この配列は研究所の小高い丘で、風の状態と小麦粉の落下実験を十数回にわたって行い、そのデータを参考にしたものである。

実験当日は北風、風速二〜三メートルの微風であった。開始の合図で点火、打ち上げられて空中で爆発した瞬間、わずかに黄色の粉末病毒は、北風に流され第一線の牛三頭の頭部から斜め下方に向かった。次いで第二、三線の牛の頭部を中心に幅広い面積に拡散し、牛の全群を包み、大きな網の中に捕獲するような状態に粉末病毒が飛散した。この実験結果は理想的といえるほどであった。爆発の状態は堀田嘱託が一六ミリ映画に収めた。爆発の瞬間、私は期せずして中村技師と相寄り、事後の処置を検討した。粉末病毒は、牛の鼻腔内に吸引されているのを確認し、実験はこの一回で中止した。

牛は釜山から船で岩南近くの海岸まで引き船で運び、家畜衛生研究所の隔離牛舎に収容し、当日から臨床観察を行った。収容後三日目には、供試牛十頭のすべてに発熱を認め、下痢など定型的牛疫の症状が表れ、七日前後で全頭が死亡した。粉末病毒による実験は一回で成功したのである。

対米攻撃の中止（昭和十九年九月）

牛疫感染実験が成功し、参謀本部で「牛疫病毒を風船爆弾に積載して実戦に応用するさい、その二十トンを製造して米国の牛を攻撃、これを殲滅する方策について」会議が開かれた。参謀本部から作戦主任参謀、後方主任参謀、登戸研究所から草場季喜大佐（当時）、中村技師、久葉、満州一〇〇部隊・若松有次郎中佐（当時）、陸軍獣医学校・久池井中佐、農林省獣疫調査所・中村哲也所長が出席した。

会議の結論は、実戦に応用することが可能である、ということで意見の一致をみた。その後、参謀と会議出席者との間で種々議論が交わされ、参謀の発言があってしばらく席を立った。一同待機していた。参謀は東条陸軍大将と打ち合わせた後、東条大将の意見として「牛疫病毒を、風船爆弾を用いて、米国内の牛を攻撃、これを殲滅した場合、我が国の稲を収穫期に焼却されるおそれがある」との理由で「粉末病毒の風船爆弾による使用は、これを中止する」との結論が出された。残念ながら実戦に応用することを中止するの止むなきに至ったのである。

登戸研究所が行った牛疫病毒の研究は、満州一〇〇部隊（関東軍軍馬防疫廠）でも行われていた。私は釜山での実験終了後、一〇〇部隊兼務を命ぜられ、その後まもなくハルビン西方の演習場で、軍医部との共同演習の際、仮想牛病毒の散布実験を見学した。

昭和二十年、終戦となり、アメリカでも牛疫ワクチンの研究が行われていたことが分かった。太平洋戦争が始まると同時に、日本が牛疫のウイルスを攻撃に使用するだろうと想定し、アメリカ東岸の国境に近いカナダ領内グロスアイル島全島を牛疫研究所にし、アメリカ、カナダの研究者が約四年間にわたって研究に力を入れ、生ワクチンをつくりだしていた。

第五章　電波兵器の研究

〔一科〕

電波兵器の研究については、陸軍科学研究所で昭和十年から終戦までこれに携わった山田愿蔵氏の手記を紹介したい。

〔山田愿蔵の手記〕

私は、昭和十年四月一日、二十一歳で雇員として陸軍科学研究所に入所した。浜松高等工業学校では伴繁雄氏の後輩にあたる。以降、終戦の日まで十年、陸軍の研究所に勤務し、新しい電波兵器の研究開発に携わった。その間、陸軍技手、陸軍兵技中尉、陸軍技術少佐へと進級し、勤務地も新宿・戸山ケ原の陸軍科学研究所から神奈川県の登戸、立川、兵庫・宝塚へと移り、終戦は宝塚のゴルフ場の中に疎開していた多摩陸軍技術研究所関西出張所で迎えた。このうち約六年は、登戸研究所で「く」号研究（怪力電波研究）が主任務だった。

「く」号は、戦局を一挙に絶対優位に導く極秘兵器、つまり決戦兵器として研究に莫大な予算がつぎ込まれたが、結果は期待に反し兵器としてはついに実用化を見なかった。戦後、登戸研究所についていくつかの雑誌記事や書籍が出されたが、「く」号研究については、わずかの記述しかない。ここで五十年前の記憶を頼りに、強く印象に残っていることを主に書き残すこととした。

陸海軍の電波研究

陸軍科学研究所が設立されたのは大正八年だったが、電波兵器研究は電気物理研究グループの一部にすぎず、私が入所した昭和十年当時も、無線秘密通信、無線操縦など無線通信に関する研究が主として行われていた。日本の電波研究は、逓信省の電気試験所、電波研究所など官公庁が主体で、大学では東北大電気通信研究所が学界を先導していた。陸海軍ではまだ、無線通信以外の電波研究には着手していなかった。

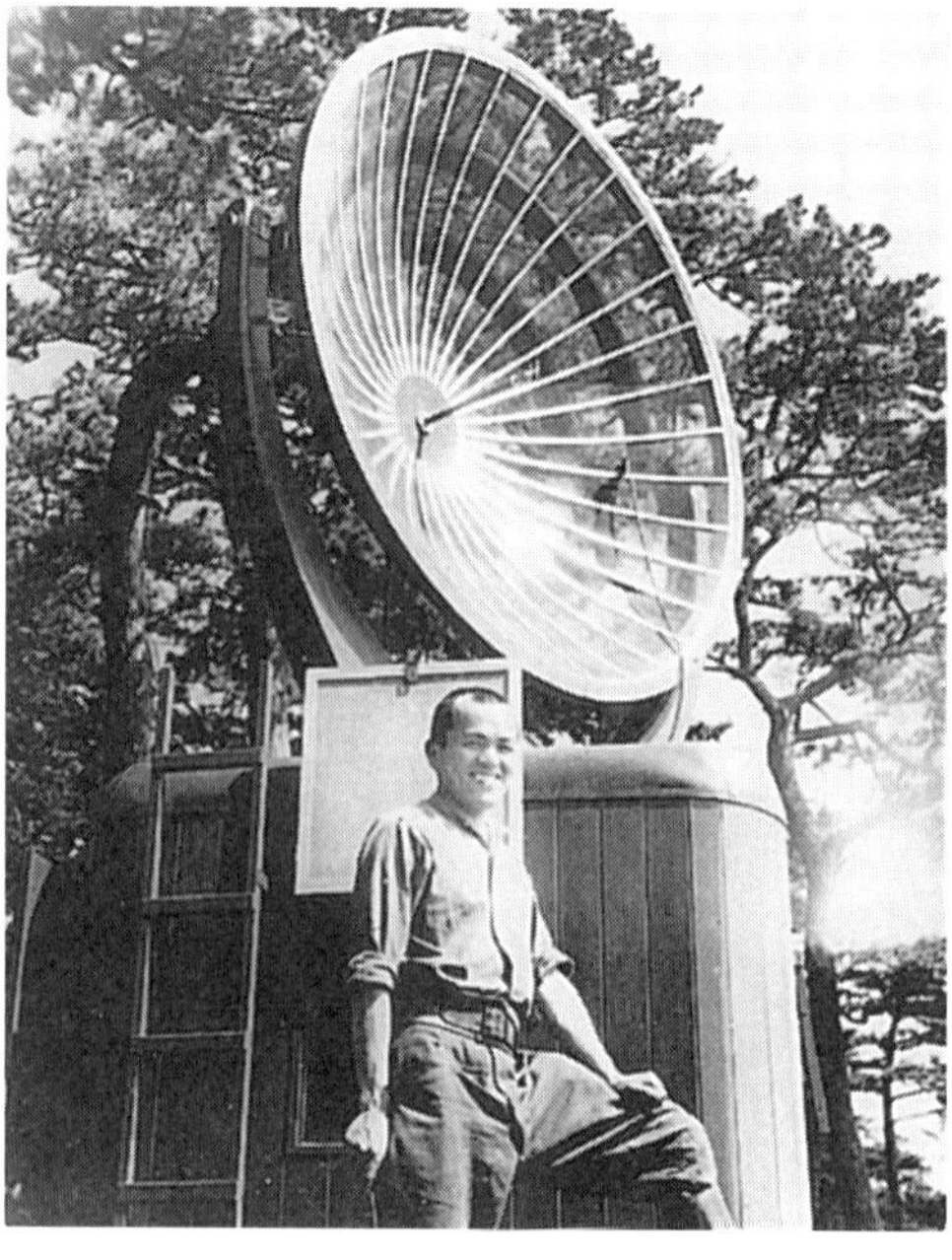

第一次大戦後、ヨーロッパではドイツがしだいに国力を挽回し、フランスとの関係が悪

化しだし、国際間に暗雲が漂い始めていた。また、大戦の経験から、次期の戦争は科学技術を駆使した近代戦になるといわれていた。日本でも陸海軍ともに空軍力を強化し、制空権を確保するための軍備拡充が企画されていた。

陸軍に次いで海軍でも、大正十二年（一九二三年）、東京・目黒に海軍技術研究所を設立した。前年のワシントン軍縮条約を機に、兵器の質的向上をめざすことになったためである。そのなかで無線兵器を担当した電気研究部が、海軍の電波兵器開発研究の中心となった。

陸軍では、新兵器の普及で多くの技術幹部が必要となり、技術部が設けられて、兵技、航技などの技術幹部が兵器研究開発の主体になった。海軍でも兵学校卒の兵科将校とは別に、帝国大学などに委託学生として学ばせたあと、士官としての追加教育をして技術将校に任官させたものに、研究を担当させていた。研究助手は海軍工廠から選ばれた工員があてられた。

こうした研究にあたって、陸軍は八木アンテナの発明者として有名な、東北大学の八木秀次博士（昭和十五年から陸軍参与、後に技術院総裁）、海軍は理化学研究所主任研究員の仁科芳雄博士（昭和十八年から陸軍参与）、日本放送協会技術研究所の高柳健次郎氏ら、部外から学識経験豊かな有力研究者を顧問に迎えていた。陸軍では東大電気工学科卒の多田礼吉少将と、京大電気工学科卒の佐竹金次大尉が、また海軍では、ともに東大電気工学科卒の谷恵吉郎造兵大佐と伊藤庸二造兵大尉らがおり、それぞれ草分け的存在として研究陣の指導にあたっていた。

初期のころ、陸軍も海軍も電波兵器研究の予算獲得には苦労していた。戦闘を主任務とする兵科出身の将校の発言が、技術関係の将校の発言より重視されていた。通信、電気関係の兵器は防御的、二次的な兵器とみられていたからである。

昭和十年当時、中波によるラジオ放送が普及していた。だが、中波による放送を遠距離へ向けるとなると、出力を強大にしなければならず、実際には不可能とされていた。一方、一九〇二年に発見された電離層で反射される短波の利用により、比較的小さな出力での遠距離通信が可能になっていた。短波のこの性質を使った宣伝を国外に向けて送る国際放送を、各国が競い合った。無線通信の基礎的な研究は、まだ未知の部分が多かった。より波長の短い超短波、極超短波へと向けられていった。

短波通信を確保するための電離層の研究も重要なテーマだった。電離層は太陽の黒点や季節、時間により、また、電離層と屈折反射する地形で変化が激しい。これが通信に大きな影響をあたえるからである。

超短波は、短波のように遠距離には到達しないが、光の性質に近づいて指向性がある。この性格が、それまで軍用無線通信の弱点とされていた通信内容の秘密性を保持させるから、敵に傍受されない秘密通信が可能になるとして期待された。また、後で述べるレーダーやテレビジョンへの応用も考えられた。テレビジョンのための超短波研究開発は重要課題だった。東京オリンピックで実用化できれば国威宣揚になるし、当然、軍事利用も考えられていた。そして、殺人光線と呼ばれた怪力電波も、超短波やさらに波長の短い（数十センチから数ミリ）短波～極超短波帯にあたるのではないかと、考えられていた。

直接兵器としての電波研究

第一次大戦以後の航空機は、めざましい進歩を遂げていた。防空に責任を持っていた陸軍は、これからの制空権の争いには、聴音機、探照燈、高射砲では間に合わなくなった、として、このうえは電波の不思議な性質を、無線通信以外の兵器として利用できないかと考えた。指向性があり勢力の集中が容易な超短波を強力にし、直接、武器として使おうというのである。

陸軍科学研究所では、第一部が物理部門を担当し、音波、電波技術を重点に編成され、幅広い基礎的な研究が行われ、第二部は化学部門で化学兵器（毒ガス兵器）の研究を主としていた。このため、昭和七、八年ごろ、陸軍科学研究所第一部でまず基礎的な検討が加えられることになった。

第一部長は、昭和七年四月から多田礼吉少将がその任にあった。多田少将は、砲兵観測用具の発明で知られた物理兵器界の第一人者で工学博士、陸軍内部では「陸戦兵器の神様」ともいわれていた。いったん兵器局長に転じ、十一年三月に中将累進。同年八月、再び所長として科学研究所に戻って新兵器研究の態勢をつくった。十四年三月には陸軍の兵器研究の研究審査機関である技術本部長に、さらに二十年五月、技術院総裁に就任、終戦まで特攻的新兵器の研究開発の最高責任者となった。

多田中将は、「時代は『科学の兵器』ではなく『兵器の科学』に進んでいる」というのが持論で「いまや、火薬による銃砲の時代が行き詰まって、電気の時代に入りつつある。電気による殺人光線、幻惑線など、電気が独立してそれ自身兵器としての用をなすべきだ」と科学技術戦の準備と新兵器開発を唱えていた。

陸軍科学研究所長となった多田中将は、二十数種類もの新兵器のアイデアをイラストに描かせ、アイデア別に担当将校を選んで研究を命じていた。研究項目には電子工学関係のものが重視され、有線・無線操縦、暗視装置、ロケットなどがあり、秘密保持をはかるためそれぞれ略符号で呼ばれた。

昭和十一年十二月三日付の「陸軍科学研究所秘第七二号」で決定した研究項目は、次のとおりであった。

科く号電波ニ関スル研究／大阪帝国大学教授八木秀次
科く号放射線ニ関スル研究／大阪帝国大学教授八木秀次、同菊地正士
科く号衝撃電波ニ関スル研究／航空研究所所員抜山大三
科ら号ニ関スル研究／京都帝国大学教授鳥養利三郎、同助教授林重憲
科き号ニ関スル研究／航空研究所所員抜山大三

このうち、「く」号が、殺人光線とも呼ばれた「くわいりき（怪力）線」である。当初、怪力線の研究は電波と、衝撃波、サイクロトロンを使った放射線の三種で進められた。だ

が、あとの二つは間もなく中止され、強力超短波を使った研究が研究途中の副産物を期待されたこともあり、最終目標として終戦まで継続された。

殺人光線は、その放射を受けると飛行機は爆発、戦艦は航行不能に陥るという驚異的なもので、当時、探偵小説や怪奇漫画で威力を発揮していた。第一次大戦後、イギリスやアメリカの発明家が殺人光線を完成させた、というニュースが世界中を騒がせた末、結局はデマであると確認されることがたびたびあった。しかし、放送局の大きなアンテナの近くでは、自動車のエンジンが急に停まってしまう事故があることが知られ、一般に電波の性質に何か魔力的なものがあると過信されていた。研究者の間では、殺人光線は非現実的なものとされていた半面で、もし実現されれば強大な兵器になると過大な期待が寄せられたのである。

この研究を指導した八木秀次博士の「所謂殺人光線に就て」と題した講演が、大正十五年の日本学術協会報告第二巻に収録されているが、そのなかで怪力線に期待されている作用として、つぎの四種をあげている。

一、飛行機自動車等の操縦妨害。二、生物殺傷。三、火薬爆発。四、空中に電導性瓦斯柱をつくること。

さらに八木博士は、一にあげた内燃機関を妨害するものとして「距離の大なる所に、殊に高速度で運転して居るものに向かって電磁波以外の放射を到達させるのは容易でない」「現在のわれ等の知識に於いて怪力線に就いて、幾分研究の見込みありと思われるのは短い電波のこと」と述べている。

電波が動植物に影響を与えることは、後に登戸研究所での中心的研究員として加わることになる、北大の笹田助三郎助手らの研究でわかっていた。が、強力な短電波、つまり短波や超短波をつくりだし、放射する技術は完成されていなかった。

そこで、怪力線について、ともかくも実験でその成否を検討する、ということになったのである。

研究ではまず、強力な超短波を発生させる装置をつくりだすことから始められた。

波長が短くなると、真空管内を走る電子の速度が問題となり、従来の三極真空管では五〇〇ワット以上の大出力は不可能であることがわかり、第二次大戦直前に発明された電子ビームの速度変調管「クライトロン」や、大電力用に東北大の岡部金治郎教授が発明し、実用へ近づけた電磁管「マグネトロン」の研究が行われた。

多田中将は文部省の日本学術振興会の利用を考えた。学術振興会は昭和七年十二月、学会、産業、国防界を挙げてつくられた組織で、多田中将は第十常置委員会（応用電気学、電気工業）の委員であった。昭和八年十二月、第一小委員会で設置され「無線通信の秘密確保に関する研究」がスタートした。この小委員会は、渋沢元治（東大教授）を委員長とし、委員には多田中将のほか箕原勉（海軍技術研究所長・造兵中将）、鯨井恒太郎（東大教授兼東工大教授）、抜山平一（東北大教授）、米沢与三七（逓信省工務局長）、高津清（逓信省電気試験所長）、丹羽保次郎（日本電気技師長）ら、当時の電波研究のトップ指導者を抱える陣容だった。この研究は「現下の急務なり」として、同年に研究援助補助費として配布されたのは一万五千五百円にものぼった。

研究の進展にともない、岡部研究室や学術振興会で次々と試作されてくる真空管の試験や効果を実験する設備が必要になってきた。また、実験にはある程度の出力がなくてはならない。そのための研究施設が必要になってきたのである。

多田中将は、科学研究所第一部の佐竹金次陸軍大尉に、新しい研究施設の創設準備を命じた。佐竹大尉は京大で電機工学を専攻。ドイツ駐在武官の任務を終えて昭和九年帰国すると、「電磁兵器に関する研究」を主とする第一部第二班に着任していた。

こうして、多田中将を生みの親とし、超短波が飛行機などの内燃機関の電気系統に作用して妨害する効果があるかどうか、また、生物に対し殺傷効果があるかどうか、という奇抜な研究課題が与えられた登戸実験場が誕生する。この登戸実験場がのちの陸軍第九技術研究所、すなわち登戸研究所の前身となるのである。

登戸実験場

昭和十一年には二・二六事件があり、翌十二年七月には盧溝橋事件が起き日中戦争が始まった。前の年に次回オリンピック（昭和十五年）の東京開催が決まり、国を挙げて準備にかかっていた。まだ、世界情勢は平穏にみえた。私が科学研究所に勤務を始めて二年半にしかなっていなかったこの年の末、上官の松山直樹大尉から、新設の登戸実験場への転任を命令された。松山大尉によると、転任の理由はこうだった。

「怪力電波の研究を、都心を離れた小田原急行（現在の小田急）沿線の稲田登戸の丘の上の静かな場所で行うことになった。この研究所の名称は、陸軍の肩書をつけず、単に登戸実験場となる。軍人も私服で勤務するようになるかもしれない」

私は浜松高工で、高柳健次郎先生から電気磁気学の講義を受けた。大正十五年（一九二六年）、電子受像式テレビとして世界で初めて「イ」の字の送受像に成功した高柳先生は、世界のテレビ研究の最先端にあった。先生は学生たちに、次の時代は、強電よりも弱電の無線電波関係の職場を求めるよう指導されていた。殺人光線ともいわれた怪力電波は、当時の無線界では最先端の研究テーマであり、民間ではとても研究は無理だった。私はこのかねてからの希望に合致する転任命令を、喜んで受けることにした。

さて、登戸実験場創設にあたって、最初の大きな問題は研究者の人選だった。登戸実験場の創設準備に奔走した佐竹金次大尉は、当時の日本の無線電波研究の権威の集まりだった逓信省の電波技術審議会に、推薦を依頼した。

その結果、北大工学部で「電波を照射して動物植物に与える影響」を研究し、学会にも多くの論文を発表していた笹田助三郎助手が紹介された。笹田氏は電気事業技術主任者第一種資格試験の合格者で、医学博士でもあった。

また、逓信省電気試験所第四部で、「小型テレビジョン」（テレビ電話）を研究していた曽根有氏（早大卒）が、部下の研究者四名とともに紹介された。当時の第四部長は楠瀬雄次郎博士で、大型真空管の権威であり、陸軍の人材提供の要望に尽力してくれた。

陸軍科学研究所からは、松山大尉と私が「く」号研究に、佐竹大尉と早大出の松平頼明氏が後にのべる「ち」号研究のために登戸実験場に駐在することになった。

昭和十二年六月二十五日付の近衛師団から陸軍省にあてた書類に「登戸実験場敷地買収ノ件」というのがあり、陸軍省はこれに答えて「主題ノ敷地昭和十二年度ニ於テ買収スルコトトト定メラレタルニ付依命通牒ス」としている。

昭和十二年十二月十三日、登戸実験場発足時の人員は計十八名であった。翌十三年四月三十日、ドイツから帰った草場季喜少佐が登戸実験場場長として着任された時には、六十余名に増員されていた。当時の任務分担と組織は次のとおりである。

登戸実験場場長　草場季喜少佐
庶務　深沢軍属
「く」号研究　松山直樹大尉、笹田助三郎技師、山田愿蔵技手
大型真空管製作研究　曽根有技師、宇津木虎次郎技手
「ち」号研究　佐竹金次大尉、松平頼明技師、幾島英技手
雷の研究　村岡勝大尉、大槻俊郎技師

「く」号研究

登戸実験場発足当時は、まだ国際情勢もそれほど緊迫してはいなかったこともあり、私

たちは人里から遠く離れた相模野の一角で、のどかに研究を楽しむという雰囲気さえあった。

研究、実験施設は、廃校になっていた拓殖学校の本館、校舎、剣道場の三棟をとりあえず使うことになった。この学校は正式には日本高等拓殖学校といい、昭和七年（一九三二年）東京・世田谷から生田へ移転してきた、ブラジルのアマゾン移住者に殖民教育をするために衆議院議員の上塚司氏が開いた私立学校だった。修業一年間の教育でアマゾン入植の指導者を送り出していたが、昭和十二年（一九三七年）に閉鎖されていた。

周辺には桃畑があり、季節ごとに地元の農家出身の守衛さんが野菜や果物を持参してくれた。夢の新兵器研究にはふさわしい環境だった。

大出力真空管の製造には、基礎研究の積み重ねがなければ一朝一夕には開発に成功しない。まず、真空技術を検討することからスタートした。

一方、笹田技師による電波の動物への影響調査は、果して電波で人間を殺すことができるかどうか、という大問題だったので、動物実験から始めることになった。

私は大急ぎで、実験に使われる発振機の製作にとりかかった。命じられたのは五メートル波で出力が五〇〇ワット以上の発振機だった。佐竹大尉から、日本無線製のツェッペリン型空冷真空管U二三三でプッシュプル発振すればよいと指導された。私はアマチュア無線をしており、それまでに七メガヘルツで一〇ワットの発振機を自作した経験があったが、登戸実験場に来て初めて、その頃としては日本初の超短波発振機の制作をすることになる。

やがて笹田技師は、五メートル波で出力五〇〇ワットの発振機を用い、動物実験を開始した。竹製の鳥かごの中にモルモットやネズミを入れ、強電界内でどのような影響を受け、また、死に至るかどうかを調べるのである。

ネズミやモルモットは二分以内で殺すことができた。しかし、ウサギは四分から五分を要した。死因は体温の上昇によるものと判断された。モルモットやネズミの体内にどれだけの高周波電力が吸収されたかは測定できなかった。高周波の電力、電流、位相角などは測定器が何もなかったので、定量的な測定は不可能だったからだ。定性的なデータだけでは、試行錯誤の繰り返しが多く、研究速度はよくなかった。

昭和十三年八月、科学研究所から甲木季資技師が研究に加わった。「く」号研究第一目標の三メートル波(一〇〇メガヘルツ)、五〇キロワットの大電力発振を実現するためである。この頃には、広さ五十坪(五間×二十間)、遮蔽金網付きの実験室二室が新設された。また、五十坪の直流電源設備室には、東芝鶴見工場から納入された十五キロボルト、二十アンペアの六相全波整流器の取り付けも始まっていた。別の五十坪の建物には自作の発振機を据え付けることになった。

発振用真空管には、日本電気製のTW五三〇B(ダブルエンド水冷真空管)を使うことになった。この真空管は、日本電気が国際放送通信のために開発した短波無線用のものだったが、当時は短波用真空管しかなく、そのなかから超短波に使えるものとして選ばれたのである。

日本電気は、昭和九年に東大を出た社員の西尾秀彦技師を中心にして研究していたが、短波放送機制作の技術を超短波発振機製作に転用してくれた。西尾技師はTW五三〇Bを使って、当時だれも製作したことのない発振機の特殊回路を設計し、それを登戸実験場の手で製作することになった。

昭和十三年末にはようやく直流電源装置が完成し、発信装置の試作が完了した。翌十四年正月早々には、本格的な実験態勢が整い、待望の三メートル波、五〇キロワット発振実験が始まった。実験室二つにわたる大がかりな実験のために、作業員も増員された。

この実験の結果は良好だった。直流一〇キロボルト、二〇アンペアの一二〇キロワット入力に対して、高周波出力は六〇から七〇キロワットと判断された。効率は五〇〜六〇パーセントだった。

真空管直流入力（電力）は、当時の技術でも正確に測定することができたが、高周波電力出力の方は測定することはできなかった。したがって、短波発振機の例を参考にし推定することにしていた。

こうして、第一目標であった三メートル波、五〇キロワットの発振は成功をおさめ、関係者一同はひと安心した。つぎには、果たしてこの強力な電波を、実際に殺人兵器とすることができるかどうかが問題であった。そこで、兵器化のための基礎実験を始めることになった。

輻射実験λ/4

五十坪のシールドルーム内の発振電波を空中に輻射するため、並行線フィーダーとダイポールアンテナ（双極アンテナ）を使って輻射実験を行った。発振管のグリッド並行線に、ダイポールアンテナを取り付けた並行線フィーダーを結合（λ/4結合）して外部に取り出すようにしたが、この時発振側との整合（マッチング）をとる必要があった。

大電力の三メートル波になると微調整が大変むずかしいため、アンテナ回路を発振回路に密結合し、ダイポールアンテナも発振回路の一部と考えられるようにした。したがって、発振用周波数は実験のたびに多少の変動はあったものの、ダイポールアンテナの両端には高周波高電圧が誘起され、効率の良い輻射をしていることが判定された。

今度はそれを確かめるため、送信ダイポールアンテナの前方三〇メートルのところに、同寸法のもう一つのダイポールアンテナを立て、中心に五〇〇ワット電球を負荷として取り付け、どの程度の電力が受信できるかをテストした。その結果、電球はあかあかと点灯し、私たちは当時としては画期的な無線電力輸送の成功に喜んだ。

この時の真空管直流入力は六〇キロワットで、アンテナからは三〇キロワットの高周波電力が出ていると推定した。効率は不明だったが、ダイポールアンテナから高電力の輻射が行われていることが確かめられたのである。

また、この実験の際、人間が受信アンテナに近づくと電球の輝度が変化することに気づいたが、それは人体が電波を吸収し、電界を乱しているためだということが分かった。八木秀次博士は、外国文献の紹介を兼ねて毎月一回登戸実験場に技術指導に来られていたが、発明された八木アンテナの理論によると、受信アンテナの後方に反射アンテナを置けば、電球に輝度が上がるということだった。さっそく試してみたところ、その理論どおりに電球の輝度が上がったが、誘導子の試験は微妙な調整が必要なので行わなかった。

動物実験

輻射実験の後、電球の代わりにモルモットを使い、動物実験を行った。並行平板に並行ダイポールアンテナを取り付け、長さを調整して共振するようにした。並行平板の間に置いた竹製の鳥かごにモルモットを入れてテストした。送受信の間隔が五メートル以内であれば、先に実験に成功した直流入力六〇キロワットでモルモットを殺すことができた。だが、それ以上間隔があると、殺すのは不可能だった。

こうして、輻射電波でモルモットを殺せることは分かった。しかし、自然空間で人間を対象とするには、ばく大な電力を必要とすることが推測されたので、実用兵器化への可能性については、私はこの時、大きな疑問を持ったのである。

台覧実験

ところで、海軍でも「怪力電波研究」の必要性をみとめていたが、当面の目標とする電波出力のねらいが「一〇センチ波、二〇ワット」であり、陸軍が登戸実験場で行おうとしていた「三メートル波、一〇〇キロワット」とは異なっていた。このため、陸海軍は別々にこの極秘研究を進めることになっていた。

陸軍が、三メートル波、五〇キロワットの発振に成功をおさめたと聞いた海軍では、高松宮殿下（当時海軍大佐）が関係技術将校約二十名を連れ、見学に来られた。昭和十五年（一九四〇年）三月頃のことと記憶している。

登戸実験場はその前年（昭和十四年）九月十六日、陸密第一五七〇号「陸軍科学研究所出張所ノ名称及位置ニ関スル件達」で陸軍科学研究所登戸出張所に名称を変え、業務も、「一、特種電波ノ研究ニ関スル事項　二、特種科学材料ノ研究ニ関スル事項」と定められた。

台覧実験の責任者は、畑尾正央中佐（のち大佐）だった。畑尾大佐は、昭和の初年から電波による航空機探知を研究していたが、高射砲用の標定機研究を登戸出張所で継続することになり昭和十五年から着任していた。畑尾大佐の研究への参加で、登戸出張所の「く」号研究陣は強化された。関係者で台覧に供する実験を協議した結果、垂直ダイポールアンテナ前方一・五メートルの所にお立ち台を置き、人体が数秒で温まることを体験し、効果を認識していただくことになった。

高周波出力一〇キロワットなら、数秒間で体温が上昇することは確認していたので、失敗のないよう慎重な準備が行われた。見学者には軍刀を携行しないように注意していた。金属に高周波が発生する心配があったからである。

実験の直前になって、高松宮殿下にお立ち台に上がっていただくのは、大変失礼であるとのことで、副官がお立ち台に上がることになった。ところが副官は、軍刀を外し忘れており、それを小脇に抱えたままだった。実験が始まると次の瞬間、副官は大声を出してお立ち台から飛び下りた。軍刀に誘発された高周波電圧が副官の体に放電し、感電同様の大きなショックを与えたためだった。

畑尾中佐もびっくりしたが、私と甲木少佐はショックは軍刀のせいであるとすぐ気づいた。だが、あまりにもうまい演出効果を示したので、説明する余裕がなかったのである。

こうした種々の実験で、超短波大電力発振の実態に触れることはできたが、その効果には当初期待したような怪奇的なものは現れなかった。また、笹田技師の動物実験でも、五メートル波で五〇〇ワット以上の高電力は必要がないということで、三メートル波で五〇キロワットの大電力を使っての研究は一段落した。

超短波の応用研究

都立高等工業学校の鈴木桃太郎教授（後に防衛大学校副校長）も、嘱託として研究室を持ち別グループで、超短波エネルギーを化学工業に利用する研究をしておられた。鈴木教授は空中窒素の固定の実験をしたいので、私たちに超短波トーチをつくって欲しいと要望された。直径三センチ、高さ二〇センチの大きなトーチの上を、ガラスのフラスコを逆さにして覆い、フラスコの内側に黄色い NO_2 の媒を付着させた。これを蒸留水で溶かすと、希硝酸ができるとのことであった。実験は成功したが、採算がとれないということで、それ以上の進展はなかった。

雷の研究

多田中将は昭和十三年四月、陸軍派遣の員外学生として京大電気工学科を卒業した村岡勝大尉に、雷雲を利用する科学兵器のアイデアを示し、登戸実験場で研究するよう指示した。京大電気工学科助手の大槻俊郎技師も、この研究に参加した。

多田中将のアイデアの発端は、飛行機のエンジンの吸気口に微粉の特殊ガスを吸い込ませることで、エンジンを止めることができたことだった。そこで空中でも、特殊ガスで雷雲をつくれば、飛来する飛行機のエンジンを止めることができるだろう、というのである。

しかしこのアイデアは、実験室の限られた条件のもとでは成功するが、大自然との闘いとなる空間では実現のめどがたたず、研究は中断された。

「ち」号・超短波標定機（レーダー研究）

昭和十六年六月の改組で誕生した第五研究所は、陸軍技術本部第四部が発展したもので、業務分掌規程によると「通信器材、整備器材及電波ヲ主トスル兵器ノ調査、研究、考案、設計及試験ニ関スル事項」を業務としていた。その第五研究所で、パルス方式により五メートル波で遠距離レーダーの研究が成功し、兵器化に踏み切ったとの噂が、私たち「く」

号研究班に流れてきた。

実際、遠距離用レーダーは陸海軍ともに兵器化に成功し、昭和十五年十月頃には、二〇〇キロ前方の敵機編隊を探知できるまでになっていた。

昭和十六年十月ごろだったと記憶している。上官の甲木少佐から、『く』号研究も第一目標は達成できたが、兵器化の見込みが立たない。研究を中止してパルス方式レーダーを研究する気はないか」と打診された。レーダー研究は、登戸研究所では松平技師の担当だったが、それとは別に「く」号研究費を流用して、研究を始めたいとのことだった。

電波による飛行機探知（レーダー）の研究は、陸軍では電波探知機、海軍では電波探信儀といって研究が急がれていたが、昭和十四年二月になり、飛行機による超短波の反射が確認されるに至って、研究態勢が強化されることになっていた。

松平技師が「ち」号の暗号名で研究していたレーダーは、ドップラー効果を利用したワンワン方式とよばれるものだった。飛行機の反射波が干渉し「ワンワン」という唸りを生じるので、そう名付けられていた。しかし、超短波（二〇センチ波）でまとめようとしているため、送受信装置など多くの未解決課題があり、私にも兵器化が困難なことは感じられていた。そこで、パルス方式の超短波（一・五メートル波）を用いれば、やがて始まるかもしれない対米戦争にもすぐ役立てることができると判断し、甲木少佐の打診に応じることにした。

あとで分かったことだが、これには裏話があった。甲木少佐には東芝から近距離レーダーの売り込みの話があったという。東芝からは、今井春蔵技師以下多数の技術者が松平少佐（松平技師は技術少佐に任官していた）の「ち」号研究に協力しているため、「ち」号以外の話は、松平少佐に持ち込むことができなかったのである。

一方、東芝の松井正二技師のグループは、一・五メートル波のパルス方式レーダーの研究に成功し、それが今井技師の担当している「ち」号兵器より優れていることが分かった。そこで松井技師のグループは、近距離用レーダーとしてパルス方式を取り上げてもらおうということで、「ち」号研究には関係していない、人格円満な甲木少佐に話を持ち込んだということ。

甲木少佐の責任で、登戸研究所内でいちばん標高の高い所にあるバラック小屋を使い、松井グループのパルス方式レーダーのテストを手伝った。結果は良好で、富士山からの反射波を五〇〇メートルの精度で測定することができた。

近距離レーダーとしてただちに兵器化できると判断した私たちは、上官の畑尾中佐に報告して、善処を依頼した。同時に、私たちの「く」号研究を一時中断して、パルス方式レーダー研究に移行する了解を得た。

このレーダー・テストの最中の頃、昭和十六年十二月八日、真珠湾攻撃で日本は大東亜戦争に突入した。翌昭和十七年二月十五日には山下奉文将軍の率いる日本軍が、難攻不落といわれたシンガポールを占領した。海軍は真珠湾で、陸軍はマレー半島でそれぞれ大戦果をあげ「米英何するものぞ」の勢いであった。

しかしシンガポール陥落で、日本軍は近距離レーダーに関して愕然とするような事実にぶつかった。それは陸軍科学研究所の塩見文作技術少佐（早大電気卒）の報告によってもたらされた。

塩見少佐は、シンガポール陥落の直後、イギリス軍の最新兵器を視察するために、数人の陸軍技術将校とともに現地に派遣されていた。この視察で陸軍砲工学校の秋本中佐が、シンガポールのオランダ村にあるゴルフ場のゴミ捨て場で、手書きの電気回路図がたくさん入ったノートを発見した。電気は自分の専門外だったが、その重要性を感じた松本中佐は、塩見少佐にノートを渡した。

ノートは、イギリス軍のレーダー手であるニューマンが書いたもので、ＳＬＣ（サーチライト・コントロール）という、高射砲に連動した近距離レーダーの性能と取り扱いを記したものだと分かった。これは、塩見少佐の早大の後輩にあたる登戸研究所の松平少佐が、実用化へ長年苦労しているレーダーシステムだった。日本では陸海軍とも兵器化に難渋しているのに、イギリス軍ではすでに実用化していたのである。

塩見少佐は、その旨松本中佐に回答し、ノートを南方軍の兵器技術指導班に提出した。ノートは同班の手でタイプされ、「ニューマン文書」と名付けられて日本本国へ送られ、海軍へも伝えられた。

このノートを読んだ陸軍兵器行政本部は、東大物理卒の小林軍次陸軍大佐、小林正次技師（日本電気生田研究所長）、浜田成徳技師（東芝電子工業研究所長）の三氏をシンガポールへ急行させ、レーダーの実物を視察させた。三氏の報告で、近距離レーダーに関するかぎり、日本はイギリスに研究が十年遅れていることが分かった。この現実にショックを受けた日本のレーダー開発関係者たちは、シンガポール陥落を素直に喜べなかったのである。兵器行政本部は、「ニューマン文書」を手引に、イギリス軍のSLC装置をそっくりまねて、いきなり実用化することにした。試作機を東芝と日本電気に一台ずつ発注した。

東芝も日本電気も、六カ月でイギリス軍のSLCと同性能のものをつくりあげた。その兵器略称は「た」号と呼ばれた。

登戸研究所で行っていた近距離レーダーの研究は、こうしたことから対潜水艦の潜望鏡探知用レーダーの研究へと指定変えされた。この研究成果である「たせ」号は、一・五キロメートル先の潜望鏡を探知することができた。同機は二〇センチ波を使用し、輸送船のブリッジ上に設置した。

電波兵器の優劣が勝敗を決する様相が、いっそう明らかとなってきた昭和十八年六月十五日、多摩陸軍技術研究所が創設され、初代所長に陸軍航空総監であった安田武雄陸軍中将が兼務として就任した。安田中将は、ドイツで軍用通信を研究、帰国後は陸軍の無線通信機材研究の草分けとして基礎を築いた。本部を国立においた多摩研究所は、陸軍の各研究所で行っていたレーダー研究を一カ所にまとめ、効率良く研究開発するのが目的で、電波兵器の総合研究所として発足する。陸軍大臣の直轄研究所であったが、昭和二十年五月十日、陸軍航空本部長の隷下に入る。戦局が悪化し、航空作戦が重要となり電波兵器の即応が絶対必要と認められたためである。

登戸研究所でレーダー研究をしていた松平少佐のグループも、甲木少佐のグループも多摩研究所に移属した。「く」号研究を中断して登戸を去ることになった私は、笹田技師らに対して若干の心苦しさを持った。

日本のレーダー研究は、これまでのべたように昭和九年、ドイツ駐在武官勤務から帰国した佐竹大尉が、陸軍科学研究所第一部第二班で松平技師（当時雇員）とともに研究を開始したのが発端であった。この研究開始時期は、欧米各国と同時期であったが、以降の進展では欧米にたいして大変な遅れをとってしまった。

その理由を結論からいえば、日本のレーダー研究では、ドップラー効果を利用した波長の短い（センチ波）ワンワン方式を選んだことが誤りのもとだった。ワンワン方式は、波長が短ければ短いほどレーダーの精度が向上する、という考えによって選ばれ、日本のレーダー研究は極超短波（二〇センチ波）を採用した。だが、当時は超短波の研究者も少なく、真空管も阪大の岡部金治郎教授がマグネトロンを考案し、試作品が完成したばかりだった。クライトロンが現れたのは、さらに数年後のことである。ところが、イギリスでは、一・五メートル波の三極真空管を使い、パルス方式で短距離レーダーを、短期間で完成し、兵器化していたのである。

研究のスタートは同じ、周辺技術も大差はなかったと思われるが、日本は方式の採用と周波数の選定を誤ってしまった。それが大きな遅れにつながった。このことは返す返すも残念であるが、運命のいたずらであったと考えるより仕方がないと思っている。

松平少佐は、陸軍科学研究所に入所してから十一年間を「ち」号研究に終始されたが、終戦は別の任務に就いていた私と同じく、多摩研究所の疎開先である兵庫県宝塚の関西出張所で迎えた。

「く」号研究の終戦まで

登戸研究所に残った笹田技師のグループには、その後、北大出身で見習い士官あがりの小沢保知中尉（後に北大教授）が加わり、大電力発振の研究を引き継いだ。電波の投射による動物実験が繰り返され、笹田技師によれば、「終戦の年には波長八〇センチ、出力五〇キロワットを発振させ、一〇メートルの距離でウサギを数分間で致死させることができた」という。

海軍では昭和十七年十月、東京・三鷹の日本無線工場内に海軍技術研究所分室を設け、基礎研究を始めていた。昭和十八年六月には静岡県島田に七万坪の土地を購入、昭和十九年六月に建坪二千坪の実験場で本格的な実用試験に入っていた。それまで研究は別々に行われていたが、やがて戦局は日本に不利に進み、最後まで「く」号研究を続けようとする登戸研究所の研究を前進させるため、海軍の協力を得て三〇センチ波、一〇〇〇キロワット発振機の試作機を製作したが、実験をしないままに終わった。

情勢はさらに悪化し、B29が本土に来襲するようになった。昭和二十年春から登戸研究所は長野県各地と兵庫県下に分散して疎開移転することになった。

長野県北安曇郡有明村（現穂高町）の北安曇分室に移った「く」号研究グループは、八〇センチ波（三七五メガヘルツ）、一〇〇〇キロワットの強力電波で、超低空で飛来するB29のエンジンをストップさせることを目的に研究を急いだ。安曇野の北にある送電線から大電力を得、実戦を兼ねて実際に飛行機に対して効果をみよう、ということだった。もし敵が本土に上陸しても最後まで研究を続ける決意だったのである。直径一〇メートルの反射鏡も、終戦直前には完成したが、ついに一度も使用することがないまま、敗戦を迎えてしまった。

第六章　風船爆弾による米本土攻撃

〔一科〕

気球を等高度飛行させて遠隔地距離を爆撃する、というアイデアは、陸軍では昭和八年ごろからあった。東満州の国境からソ連軍陣地のあるウラジオストック地区を攻撃しようとするもので、到達距離はだいたい百キロを目安とした。飛行時間が短いのでその間で気球の落下を考える必要がないから、問題は少ない。適当な風の時飛行させると、かなりの命中精度を期待することができる。

兵器行政本部によるこの研究は、小林軍次中佐（当時少佐）辻川忠義少佐、宮川技師などによって完成され、この当時すでに等積気球として和紙をコンニャク糊で張り合わせた球皮が創製使用されていた。昭和十四年にはこの気球が多数製作され、また在満州気象連隊のなかに、この兵器研究教育を専任する部隊が編成された。

一方、登戸研究所では謀略宣伝兵器の研究が始められ、宣伝用気球としての研究が行われた。これは低空の地上風を利用して敵の背後に宣伝ビラを散布しようとするもので、同様の紙気球が使われていた。

一、米本土攻撃の決戦兵器の開発

「ふ」号作戦

昭和十七年六月、日本海軍はミッドウェー海戦に敗れ、戦いは守勢に転じ、戦況は悪化するばかりであった。米本土空襲は日本軍の悲願ともいえたが、長距離爆撃機の開発は進まなかった。十七年秋、潜水艦で米本土に近づいて「ふ号」作戦を実施することが考案され、海軍とたびたび交渉したが埒があかず、十八年初頭になって潜水艦ならば千キロメートルくらいまでに近づけるだろうと、直径六メートルの気球で試験をした。

その結果、確信を得、いよいよ潜水艦からの気球放流のための艤装に取りかかることになったが、直前に戦局の逼迫から潜水艦をこの目的に使うことができなくなった。そこで遠距離の連続した記録がラジオゾンデによって確かめられた。そのことで太平洋の遠距翔破を見込なきにあらずと考え、本格的実射試験を行ったのである。

昭和十九年十月二十四日、陸海軍はフィリピン沖の米機動部隊に決戦を挑んだが、超弩級戦艦「武蔵」は被弾し夕闇のシブヤン海に沈んだ。

翌二十五日、第一航空艦隊司令長官大西中将の決意によって、神風特別攻撃隊を米艦へ初めて体当たりさせている。

この最初の体当たり攻撃と日を同じくして大本営は、米本土攻撃の決戦兵器として風船爆弾

（秘匿名「ふ号」兵器）による攻撃作戦準備の開始を決めた。同月に動員を命じた気球聯隊を参謀総長の直轄部隊とした。動員を完結した部隊は、千葉の気球連隊を改編した三大隊で、連隊長は井上茂大佐、立案にあたったのは連隊付肥田木安少佐であった。

「ふ号」気球聯隊、大隊の組織及び「ふ号」の全体図は次のようであった。

聯隊長　井上茂大佐　　聯隊付　肥田木安少佐
聯隊本部　茨城県大津
　本部指揮機関
　通信隊
気象隊
聯隊材料廠
第一大隊（三箇中隊及び一段列中隊の材料廠）　茨城県大津　藤田義喜大隊長
第二大隊（二箇中隊及び一段列中隊の材料廠）　千葉県一宮　肥田野百一大隊長
第三大隊（二箇中隊及び一段列中隊の材料廠）　福島県勿来　早川与八大隊長
試射隊　千葉県一宮　西田知男隊長
標定隊　内藤頼武隊長
　標定本部・第二標定所　宮城県岩沼
　第一標定所　青森県古間木
　第三標定所　千葉県茂原

八千キロを飛べる風船爆弾

わが国の上空一万から一万二千メートルの高度では、冬期になると常に高層偏西風が吹いている。直径十メートル、球皮にはコウゾの長繊維を用いた和紙をこんにゃく糊で貼った風船爆弾は、この西風を利用し、投下爆弾、焼夷弾、高度保持装置、爆弾投下装置を懸吊、浮力回復用砂嚢投下装置も備えていた。

しかし、何といっても太平洋飛行距離八千キロである。平均時速二百キロとしても五十時間ほどを要する。超高度のため太陽の直射により風船の気球内ガス温度は、昼と夜とでは三十度からの較差がある。昼間平衡飛行した気球は、夜になれば冷却収縮を起こし落下するので、高度を上げるため時限的に砂のうを落下しなければならない。数十時間、水素ガスが漏れず、軽量でしかも強靭な気球を作ることは容易ではない。

一万メートル上空の気温は、零下五十度以下の酷寒であり、その気圧は地上の四分の一に近い。こうした低温低圧に耐えて機能を失わないということは、使用材料に対して比類のない苛酷な条件である。

「ふ号」兵器の成否は高層の気流条件にあった。しかし、当時の高層気流に関するデーターは皆無に等しい。気球の飛行経路の大部分を占める肝心の太平洋上の気象データーは皆目分からなかった。ひとたび放たれた気球は、その時の上空の風向風速によってどこに飛んで行くかわからない。電波で気球を追跡するにも八千キロ、数十時間要する。現在使われているような優秀なラジオゾンデは、当時未完成であった。こうした至難な悪条件を克服しなければ米本土

風船爆弾「ふ」号の全体図

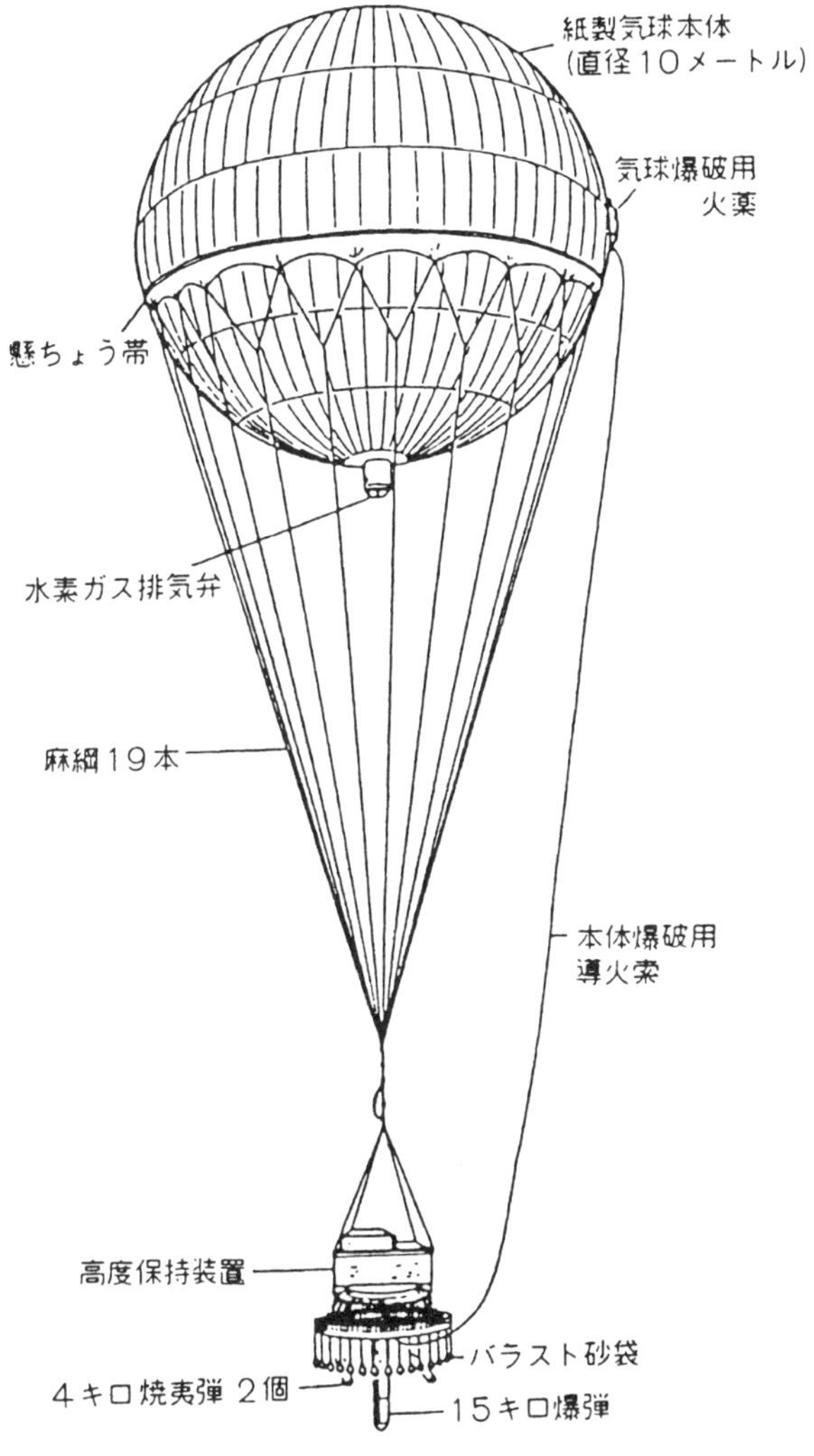
紙製気球本体
(直径10メートル)
気球爆破用
火薬
懸ちょう帯
水素ガス排気弁
麻綱19本
本体爆破用
導火索
高度保持装置
バラスト砂袋
4キロ焼夷弾 2個
15キロ爆弾

攻撃は成功しない。

戦況は日に日に切迫し、日本陸海軍は全く守勢に転じていた。至短時日に研究を完了し、あらゆる準備を完備しなければならない。この研究に従事していた研究者の苦心と焦りとは並大抵ではなかった。

十九年五月までにA型気球（陸軍式）一万個を整備し、少なくともその半数を十月末に各陣地に集積することになった。B型気球（海軍方式）も三百個を整備することになった。

十九年二月から三月にかけて約二百個の直径十メートルの気球を準備し、千葉県一宮海岸で大規模な試験を行った。七十二時間で太平洋を越え、三十五キロの爆弾、焼夷弾を投下するという設計であった。試験の結果、滞空三十時間以上の記録はたびたび出たものの、高度調節用の砂のうを投下するための導火索が低温低圧のため導火しなかった。そこで第二造兵廠研究所の深津大尉の協力で高射砲弾用伝火薬を使用した緩燃導火索を作ってもらった。

この試験の際、参謀本部、陸軍省、兵器行政本部から関係者多数が見学に訪れた。実用試験終了後の現地での全体会議の結果、いよいよ十九年末から二十年春にかけて大規模な「ふ号」作戦を実施することが決定された。

決定までは登戸研究所が主体となり、第五、第八陸軍技術研究所、第二陸軍造兵廠研、気象部などの協力を得て八月までに研究を終え、十月整備完了。十一月初より翌年三月下旬まで五ヵ月間米本土を攻撃することとなった。

二、攻撃命令

約九千個の風船爆弾を発射

参謀総長は十九年九月三十日付で、次の攻撃準備命令を下達している。

大陸指第二千百九十八号

命令

一、気球聯隊ハ主力ヲ以テ大津、勿来付近ニ一部ヲ以テ一宮、岩沼、茂原及ビ古間木付近ニ陣地ヲ占領シ概ネ十月末迄ニ攻撃準備ヲ完了スベシ

二、陸軍中央気象部長ハ密ニ気球聯隊ニ協力スベシ

三、企図ノ秘匿ニ関シテハ厳ニ注意スベシ

十月六日、「『ふ』号ニ関スル技術運用委員会」が開かれた。十月二十五日、気球聯隊長に対して下された攻撃実施命令は、次のようなものであった。

大陸指第二千二百五十三号

命令

一、米国内部攪乱ノ目的ヲ以テ米国本土ニ対シ特殊攻撃ヲ実施セントス

二、気球聯隊長ハ、左記ニ準拠シ特殊攻撃ヲ準備スベシ
(一) 実施期間ハ、十一月初書ヨリ明春三月頃迄ト予定スルモ、状況ニ依リ之ガ終了ヲ更ニ延長スルコトアリ
攻撃開始ハ概ネ十一月一日トス。但シ十一月以前ニ於テモ気象観測ノ目的ヲ以テ試射ヲ実施スルコトヲ得。試射ニ方リテハ、実弾ヲ装着スルコトヲ得
(二) 投下物料ハ、爆弾及ビ焼夷弾トシ、其概数左ノ如シ
十五瓩爆弾　約　七、五〇〇個
五瓩焼夷弾　約　三〇、〇〇〇個
十二瓩焼夷弾　約　七、五〇〇個
(三) 放球数ハ、約一五、〇〇〇個トシ、月別放球標準概ネ左ノ如シ
十一月　約五〇〇個トシ、五日迄ノ放球数ヲ努メテ大ナラシム
十二月　約三、五〇〇個
一月　約四、五〇〇個
二月　約四、五〇〇個
三月　約二、〇〇〇個
放球数ハ更ニ一、〇〇〇個増加スルコトアリ
(四) 放球実施ニアタリテハ、気象判断ヲ適正ナラシメ、以テ帝国領土並ニ「ソ」領ヘノ落下ヲ防止スルト共ニ、米国本土到達率ヲ大ナラシムルニ勉ム

三、機密保持ニ関シテハ、特ニ左記事項ニ留意スベシ
(一) 機密保持ノ主眼ハ、特殊攻撃ニ関スル意図ヲ軍ノ内外ニ対シ秘匿スルニ在り
(二) 陣地ノ諸施設ハ上空並ニ海上ニ対シ極力遮蔽ス
(三) 放球ハ気象状況之ヲ許ス限り黎明、薄暮及ビ夜間等ニ実施スルニ勉ム
四、今次特殊攻撃ヲ「富号試験」ト称呼ス

攻撃開始は十一月三日の明治節が選ばれた。当日は午前三時より放球準備にかかり、午前五時一斉に発射した。

直径十メートルの風船爆弾は、千葉県一宮、茨城県大津、福島県勿来の三基地から放球された。一宮海岸では順調に発射できたが、勿来では器材準備室が、また大津では発射陣地二カ所で同時に地上爆発を起こし、見習士官以下数名の死傷者を出した。

十分な安全整備は施されていたが、取扱いの不慣れが事故の原因であった。そのため一時、攻撃は頓挫したが、急ぎ資材およびその組立に改善を加え、安全装置も二重にするなどの措置をとり、十一月七日、再び攻撃を開始した。その後攻撃は順調に継続され、翌二十年四月上旬までの発射総数は約九千個で、全部がA型気球であった。

昭和二十年に入ると、米軍の日本本土空襲は激甚の度を加えた。「ふ号」に必要な水素の輸送も遅れがちとなり、水素を製造していた川崎市の昭和電工、気球を製作していた工場なども爆撃を受けるようになった。

時には試射気球を揚げた瞬時に、米艦載機に撃墜されることもあり、しだいに「ふ号」作戦の実行は困難となった。四月になると、米本土攻撃に適しない西風の時期となり、攻撃は中止された。

冬期八千メートルから一万メートルの上空を吹く偏西風に乗って、この決戦兵器は時速二百キロ以上のジェット気流に乗り、太平洋を飛翔してアメリカ本土を直撃した。

戦果は小さかったが、心理作戦としては成功

登戸研究所の風船爆弾開発の最高責任者であった草場少将は、風船爆弾は戦力としてほとんど認むべき効果はなかったことを率直に認めていた。しかし、数百個の気球はともかくも八千キロの大平洋を翔破してアメリカ本土に到達したことは、明白な事実であった。

風船爆弾の被害は、アラスカ、カナダ、アメリカ本土からメキシコにいたる広範囲に及んでいた。

風船爆弾の落下場所、件数の多かったのは合衆国西海岸オレゴン州の四十件を筆頭に、モンタナ州で三十二件、ワシントン州で二十五件、カリフォルニア州で二十二件、ワイオミング州、サウスダコタ州、アイダホ州が八件づつ、あとは六件以下であったが、すべての州に最低一件の事故があった。

カナダでは、西海岸ブリティッシュ・コロンビア州の三十八件を筆頭に、アルバータ州の十七件、サスカチュワン州八件、マニトバ州六件ほか北方ユーコン地区、マッケンジー地区にも五件、風船爆弾が到達していた。アリューシャン列島をふくむアラスカでは三十件を数えた。

　爆撃当初は、原因不明の爆発事故、山火事が相次ぎ、不発気球捕獲が各地報告されて人心を極度に撹乱し、心理作戦としては成功したのである。アメリカの政府や軍部は緻密な防衛作戦を練り、日本からの長距離爆撃に備えなければならなかった。

　アメリカ西海岸防衛参謀長ウイルバー代将が、戦後『リーダーズ・ダイジェスト』誌に発表した著述によれば、これらの事故、事件に対する防衛のため防火隊が組織された。また回収された浮力回復用砂のうなど得体の知れないものには間違いなく化学兵器か細菌戦の媒体が使われていると推察し、防毒資材や細菌剤が要所に集積されていたとのことである。

　「日本からの気球兵器到達に関して絶対に情報を漏洩させるべからず」と厳重な報道管制が布かれ、ラジオ、新聞、雑誌等に箝口令がでた。

　それはアメリカ合衆国の最高命令であった。国内に報道することも、国民の人心撹乱を担っていると予測される日本の心理作戦の術中に嵌ることを避けるためであった。さらにそれが外国の情報機関から日本政府や軍部に伝われば、ますます気球攻撃に拍車をかけることになってしまうからである。

　攻撃当時、厳重な報道管制でこうしたアメリカでの成果を得ることはできなかった。実害は小さかったが、心理的には大きな成果があったといえる。

昭和十九年の登戸研究所

昭和十九年春と夏の登戸研究所の研究陣容は、次のとおりであった。

昭和19年の登戸研究所の研究陣容

昭和19年春

- 第1科　草場少将
  - 顧問 ― 八木博士／藤原博士／佐々木博士／真島博士
  - 嘱託 ― 荒川博士／賢田技師
  - ― 武田少佐（プロジェクト進行）
  - ― 大槻少佐（プロジェクト進行）
  - ― 西田大尉（無線装置）
  - ― 中村大尉（紙、こんにゃく糊）
  - ― 折井大尉（火工具）
  - ― 高野少佐ほか（無線装置）
- 第2科　山田大佐 ―――― 伴少佐ほか（爆弾、焼夷弾）
- 第3科　山本中佐 ―――― 伊藤技師（紙の量産）

昭和19年夏

第九陸軍技術研究所長　篠田中将

研究主任　草場少将

- 顧問
  - 八木博士
  - 藤原博士
  - 真島博士
  - 佐々木博士
- A型気球の研究 ― 大槻少佐（主任）／伊藤技師／折井大尉／宮崎大尉／中川中尉ほか
- B型気球の研究 ― 武田少佐（主任）／西田大尉／中村大尉／藤井中尉ほか
- ラジオゾンデの研究 ― 高野少佐／尾形中尉ほか
- 技術面研究協力 ― 山田大佐／伴少佐／岩本大尉ほか

協力研究機関

- 第五陸軍技術研究所（気球航路の標定）
  ― 森村中佐、内藤少佐、川島少佐、石川中尉ほか
- 第八陸軍技術研究所（材料面の研究）
  ― 高田少佐、小日向少佐、吉田大尉ほか
- 第二陸軍造兵廠（火器および焼夷弾などの研究）― 深津大尉ほか
- 陸軍気象部（ラジオゾンデ、気象の研究）― 湯浅技師ほか
- 中央気象台（太平洋気流研究）― 荒川技師、渕技師ほか
- 軍医学校（経度信管研究）― 内藤中佐ほか
- 海軍（共同研究）― 足達中佐、田中少佐

第七章　対支経済謀略としての偽札工作

〔三科〕

一、偽造紙幣の開発

昭和十四年、陸軍章、参謀本部は対支経済謀略実施計画を作成した。

その方針、目的は「蔣政権の法幣制度の崩壊を策し以てその国内経済を撹乱し同政権の経済的抗戦力を潰滅せしむ」というものである。

実施要領は次のようなものであった。

一、本工作の秘匿名を「杉工作」と称し、偽札の製作は登戸研究所に於いて担当し、必要に応じ大臣の許可を得て民間工場の全部又は一部を利用することができる。

二、登戸研究所に於いて製作する謀略資材に関する命令は、陸軍省及び参謀本部担当者に於いて協議の上、直接登戸研究所長に伝達するものとする。

三、支那における本謀略の実施機関を「松機関」と称し、本部を上海に置き支部又は出張所を対敵の要衝地域並びに情報収集に適したる地点におくことが出来る。
四、本工作は敵側に対し隠密かつ連続的に実施し、経済謀略を主たる目的とする。これがため法幣を以って通常の商取引により軍需、民需の購入を原則とする。
五、獲得した物資は軍の定むる価格を以って各品種に応じた所定の軍補給廠に納入し、得たる代金は対法貨打倒資金に充当するが、別命あるときはこの限りでない。
六、「松機関」は松工作資金並びに獲得した資材を常に明確にし、毎月末資金並び資材の状況を陸軍省及び参謀本部に報告するものとする。
七、「松機関」は機関の経費として送付した法幣の二割を自由に使用することができる。

この実施計画案によって、製紙から印刷にいたる偽造紙幣の開発は登戸研究所で行われることになった。偽造券は、陸軍が内閣印刷局の援助を得て計画し、将来は陸軍のみで実施する腹案であった。

篠田所長と第三科長山本憲蔵主計少佐（後に大佐）は、印刷関係の研究・製造業務に経験がなかった。偽造紙幣の製造は、きわめて困難で技術を要するものである。技術者、器材設備、稼働の点で本格的に法幣を偽造することに無理があり、どうしても、官民の協力が必要になると判断した。陸軍省、参謀本部の関係者と協議のうえ、印刷では内閣印刷局、凸版印刷株式会社、製紙では、風船爆弾の紙も製造していた巴川製紙の協力で達成しなければならなかった。

昭和十四年から十六年までは、研究所内の工場の建設、機器の整備にあたった。また、技術者の選定、採用、従業員の訓練を経て、試作、稼働の試行錯誤を繰り返した。登戸研究所で本格的製造に入ったのは、昭和十六年から十八年にかけてであった。

第三科は印刷班、製紙班、中央班の三班から構成されていた。秘匿を要した登戸研究所のなかでも第三科の秘密保持は厳重をきわめ、所内でも印刷班は南方班、製紙班は北方班と呼ばれていた。第三科の主要構成員は、次の通りである。

科長　山本憲蔵主計少佐

印刷班　班長・川原廣眞技少佐（内閣印刷局より転任）、谷清雄技師（陸軍科学研究所）、海野輝男技手

製紙班　班長・伊藤覚太郎技師（東大工学部卒）、若林技大尉、田中唯一

中央班＝原料分析、鑑定、検査＝岡田正敬技少佐（大阪大学工学部卒）、児玉亨技手（上田蚕糸高専卒）、小島郁男技手、岩瀬清、児山暢

その他、尉官、技師、技手、雇員等で印刷班人員計二百名、製紙班人員計五十名、中央班若干名、総計三百余名。

印刷班の川原廣眞技少佐は内閣印刷局の技師であったが、登戸研究所に転属して技術少佐に任官した。その専門技術を生かし、偽造紙幣の製造に貢献した。

同じ班の谷清雄技師は東京高等工芸印刷科卒。昭和二年、私とともに陸軍科学研究所本部に

就職し、科学研究所全体の極秘研究報告を印刷していた。三科時代は印刷技術者としてもっとも卓越した人物であった。

製紙班で最も困難で多年の経験が必要なのが紙幣の透かし研究だった。田中唯一は父親が有名な象嵌師で、父子相伝の技術を生かして、透かし模様を彫刻する金型製作にあたった。

岡田正敬技少佐は、大阪大応用化学科を卒えると指導教授の推挙で昭和十五年登戸研究所に入所、終戦まで三科中央班で紙質の繊維分析、印刷インキの組成分析、鑑識を任務とした。小島、岩瀬、児山は、中央班で図工としての繊細な腕を買われて、レタッチャー、イラストレーターとして外国紙幣の模写、レタッチを担当した。

かくして製作された偽札の流通は、支那の金融を撹乱して法幣の信用を失墜させただけでなく、偽札使用によって現地での物資の調達に大いに寄与した。

二、ニセ札の量産と「松機関」

昭和十九年に入ると、登戸研究所への米機の襲撃回数は頻繁となった。鉄筋コンクリート建て研究室のガラス窓や、急増の木造建物もところどころ損害を受けるようになった。研究所の第一科、第二科、第三科は、分かれて疎開せざるを得なくなった。

第三科は福井県武生市に疎開し、当時原料不足で稼働していなかった加藤製紙工業を借り上

量産された中国銀行券の偽造紙幣

ニセ札を印刷した第三科の建物。現在も明治大学の構内に残っている。

げ、印刷工場の約半数に担当する機材とともに技術者が疎開した。しかし、受け入れの工事は遅々として進まず、資材はスムーズに搬入できず、完成と稼働を迎えないうちに終戦となった。

日中戦争当時、中国大陸では、国民政府の通貨である「法幣」と、共産党軍が解放区で発行する「辺区券」、さらに日本軍の軍票などが、通貨戦争を演じていた。しかし、大半の地域では法幣が圧倒的に優勢で、物資の現地調達は法幣でなければ困難であった。このため泥沼状態の戦局打開に悩む陸軍は、経済戦の一環として「偽造券による法幣崩壊工作」の構想を進めた。その実務を命じられたのが第三科長山本主計少佐であった。

偽造ニセ札作戦は試作に失敗を重ね、試行錯誤の連続を経てようやく量産体制を整え、製品を「松機関」に渡すまでには長時日を要したのである。

偽札工作の宰領には、陸軍中野学校の出身者があたり、毎月二回ほど長崎経由で海路上海へ届けられた。

現地では「松機関」が流通工作を担当した。機関長は陸軍参謀の岡田芳政中佐だったが、実質上の責任者は軍の嘱託で阪田誠盛という実業人であった。阪田氏は、流通工作のため上海を中心とする暗黒街を支配していた秘密結社「青幣」の幹部の娘と結婚して協力をとりつけ、青幣の首領で蔣介石の腹心でもあった杜月笙の家に「松機関」の本部を置いていた。

敵側の偽札に対する摘発、妨害はなく消極的であったばかりか、偽札の横行に対し「流通過程に於いて、むしろ適当であったと思える」との発言も関係者側にあった。とくに香港占領後、第三科は敵側の印刷機、資材を入手して偽造工作をしていたが、国民政府としても真贋判別ができない以上、黙認して、逆に偽造を利用してインフレ防止に役立たせていたという判断が適切であった。

話は前に戻るが、私は昭和五年四月、篠田少佐の許可を得て、防諜器材研究の一端として犯罪一般の鑑識業務の指導を受ける目的で、警視庁旧庁舎の地下室にあった鑑識課に半年間毎日出張した。ここで、日本で最高の権威者だった乙葉鑑識課長の指導のもとで、実技と理論を学んだのである。

戦後、しばらくの間、チ―三七号事件など千円札の偽造事件やパスポート、身分証明書等の偽造事件が起きると、製造が登戸研究所の元所員ではないかと疑いをかけられ、マスコミでもたびたび捜査の対象としてとりざたされたことがあった。山本大佐は昭和五十九年に『陸軍贋幣作戦』(現代史出版会)を出版し、当時の秘話を公開された。

第八章　実験の困難性と実績の評価

研究開発中の事故

秘密戦資材、兵器の研究開発は爆発物のほか劇薬、毒物を取り扱うことが多く、危険、有害な研究に携わるものには、規則により化学兵器手当などが支給されていた。しかし、実験中などの事故がたびたび起きた。私の同僚にもこうした犠牲者がでたことを今も忘れることができない。

昭和六年から七年にかけて、陸軍科学研究所雇員であった私は、篠田班で角田助手とともにマグネシウム系の新型照明弾の試作研究に従事していた。研究が進み初期の実用試験が立川飛行場で行われたが、陸軍機に照明弾を装備中突然爆発事故が起きた。電気回路の故障が原因であった。病院に収容された角田助手は一週間後死亡した。私より若く積極性のある好青年であった。雇員の私は始末書の提出ですんだが、研究の直接の上司であった野村健三大尉（のち少将）は重謹慎を命ぜられた。

天覧実験で失敗、大やけどを負う

昭和十年十月三日の明治節に昭和天皇は淀橋区（現在の新宿区）大久保百人町の科学研究所に行幸、さらに戸山ケ原練兵場で陸軍の新軍需資材を視察した。資材は陸軍の技術本部、科学研究所、造兵廠、被服本廠、糧秣本廠、衛生材料廠、それに通信学校、自動車学校、軍医学校、獣医学校から出品され、当時の日本の軍需技師、最新資材を網羅するものであった。同日午後三時半から戦車、装甲車などの実演が行われたが、その終わりに科学研究所から、試作したばかりの時限式焼夷筒を私が実演することになった。

ところが、若さのあまり緊張したためか、実演の開始直前誤って点火液を右手にかけ大やけどをしてしまった。痛みをこらえて時限点火を行い、直立不動のまま約三分後の発火を待った。焼夷筒は見事に発火燃焼し、三メートルの火炎が上がり実演は大成功に終わった。

天覧行事中のことであり、失敗と苦痛を隠し、午後四時半すぎ昭和天皇が練兵場をあとにするまでそのままがまんし続けた。医務室に行ったが、軍医が帰室していなかったため応急の手当で、軍医の治療はさらに一時間半あとになった。このやけどは化膿し、回復までに半年あまりもかかるものであった。晴れの舞台であった天覧実験での大失敗は一生忘れ難いものとなった。

自然発火アンプル完成寸前の事故

昭和十六年、登戸研究所で私が陸軍技師から兵技大尉に任官したばかりのころであった。当時の四科では成型焼夷剤、散布型焼夷缶、発射焼夷筒、焼夷板を多数製作し、各戦地へ補給していたが、さらに新規なアンプル入り自然発火剤の開発がもとめられた。これと同様のものは当時、海軍がすでに極秘のうちに実用化に成功し、航空機からの散布が行われていた。だが陸海軍間の技術交流がなかったので、独自に開発する必要があった。任官したての私は、あせりも加わって海軍製品に類似の独創的な新薬剤合成に没頭していた。

中島雇員は、名古屋高等工業応用化学科卒の私の助手であったが、その薬剤の合成がまもなく成功というころ、実験中に事故が起きた。可燃性ガスが入ったボンベのバルブを開放し始めた途端、突然ガスが噴出し全身にかかってやけどを負った。事故の原因がバルブの操作ミスだったのか、バルブの不良にあったのか不明だったが、中島雇員は翌日死亡した。

この事故では、実験の指導が不十分だったとして三週間の重謹慎を命ぜられた。

缶詰爆弾の実演中の爆発事故

昭和十八年三月、登戸研究所の破壊・焼夷謀略資材の実演が千葉県一宮海岸で行われた。ここは風船爆弾の発射基地でもあった。この実演は陸軍省、参謀本部、兵器行政本部、中野学校の将官、佐官ら二十五名の陸軍高官の見学者を前に、試作資材の性能、効果を試すものであった。

用意されたのは即時、時限点火二種の缶詰型爆薬、時限点火式トランク型爆薬、新型火炎瓶、自然発火型散布焼夷缶の四種で、私が実演指揮官であった。

京都帝大工学部卒の池永中尉が実演実施にあたり、点火用意。ついで私の点火の合図直前、突然ごう音とともに爆発が起こり、池永中尉は飛び散って悲惨な最期を遂げた。この実演について私と池永中尉は、事前に玉川の河原で何度も実験を繰り返していた。有望な部下でもあった池永中尉のその姿は、今も私の脳裏から消えることがない。

多数の高官を前にしたこの未曾有の大事故で、私は原因の如何を問わず責任を問われ、三週間の重謹慎が命ぜられた。

殉職者を祭るために研究所内に建てられた弥心神社。現在も明治大学構内に残っている。

技術有功章受章

昭和十八年四月十四日、篠田所長と私は陸軍技術有功章（昭和十七年度第二回）を受章した。アメリカ、イギリスとの戦いが科学決戦であるとして、陸軍では科学兵器戦力の拡充強化を進めたが、陸軍技術有功章はその研究、発明、考案などへの兵器技術者として最高の論功行賞である。

授与式は陸軍省大講堂で陸軍技術研究会総会の席上に行われ、このときの有功章受賞者は原乙未生陸軍少将ほか二十七件、三十八人であった。有功章対象者には徽章、賞状、賞金が東条首相兼陸相から授与され訓示があったが、篠田所長と私に対する授与の理由は次のようなものであった。所属は登戸研究所ではなく、第九技術研究所となっている。また、当時の新聞発表では「秘密戦」が「○○戦」と伏せられた。

特殊戦理化学資材の研究

（金一封）

第九技術研究所
陸軍少将　篠田　鐐
兵技大尉　伴　繁雄

昭和二年以来十数年終始一貫研究を続行、苦心を重ねたが、その間発明考案せるもの約二百点、ついに秘密戦の体系を確立し、その技術的水準を諸列強の域に達せしめたもの、戦力増強に寄与せること大である。

「金一封」は一万円であった。この賞金は篠田所長の考えで、研究中の殉職者を祭るために登戸研究所内に建てた弥心神社の建立費用にあてた。

III　秘密戦の実相

第一章　諸戦域への出張報告

国際謀略都市上海戦に初参加

大東亜戦争以前の上海の市内は、日、米、仏、英等の租界がある国際都市で、各国の情報、謀略機関が多数存在し活動していた。

昭和六年の満州事変以来、北支那で紛争が増え、上海付近にあった日本の情報機関が充実強化されていた。上海には参謀本部第二部をはじめ、陸軍省、海軍省、外務省などからの特殊任務の工作機関があり、関東軍が情報活動を依存していた南満州鉄道（満鉄）の組織もあった。

昭和十二年七月、盧溝橋事件が勃発し、日中戦争が開始された。同月、日本軍は北京、天津を占領し、さらに九月には日本陸軍部隊が上海郊外に上陸した。しかし、上海戦線は中国軍が優勢で、日本軍は多くの損害を出し苦戦を強いられていた。

この年の十一月九日、当時技手だった私に、「中華民国上海に出張を命ず」との下命があった。技官だったのでまだ軍刀を所持していなかった。父親から自宅にあった刀を急ぎ届けてもらい、ようやく門司港出発までに間に合った。

門司港から軍用船に乗り玄界灘を通って翌々日、上海沖に到着した。その日、沖合の日本軍艦から発射される艦放射撃の轟音がすさまじく、耳は聾され、頭は破壊されんばかりであった。しかし、敵の砲弾は海上の軍用船まで到達せず落下し、一方的な砲撃戦の様相だった。

翌日、戦闘がやや小康状態となったのを機に下船して、目的地の上海競馬場へ行くよう指示があり、初めて上海の戦場の土地を踏んだ。上海の家屋は、双方の砲弾で破壊されたり焼け焦げたものばかりで、道路上には戦死した中国兵が、壕にも多数の死体がそのまま放置されており、文字通り屍山血河の惨状を目撃した。それはあまりにも悲惨な死の戦場であり、戦争の空しさ、人の命のはかなさが脳裏に深く刻みこれまた。また、平穏な生活を送っていた扉のない市民が戦乱にまき込まれ、死のるつぼに投げ込まれた情況に衝撃を覚え、涙を禁じえなかった。

上海市政府及び上海競馬場で、上海派遣軍参謀部員に秘密戦資料収集のため陸軍科学研究所より出張の命を受けたことを申告した。ごく短時間ではあったが、上海の各国の情報、謀略機関の暗躍について聴取した。当時の上海の租界は、各国の治外法権の持権を有し、いわゆる国際的な諜報、謀略、防諜、宣伝の秘密戦都市として各国の情報活動は熾烈を極めていた。それは、各国の複雑な思惑の交錯した情報戦場であった。

この時の上海における戦闘（第一次上海事変）は、十一月十一日の上海全市の制圧でようやく終息したが、引き続き残敵掃討が行われた。敗残兵が便衣に着替えて市民に紛れ込んだため、軍・民の識別が困難となり、中国民衆に多くの犠牲者が出た。当時の参謀本部は、とくにソ連関係情報の収集に重点をおいていた。関東軍からも対白系ロシア人工作のため上海駐在の工作機関を出していた。

上海戦に出張を命ぜられて秘密戦研究の視野を広め、情報、参謀、の無形のシーズを獲得することになった。しかし戦場では、武官でない技官の身分では、行動の自由、権限の行使などに制約があり、充分な責務を果たせない困難さを実感したのであった。

十一月二十五日、出張を終えた。二週間の短期間であったが、上海戦線の実戦を初めて体験し、長崎港に帰港した。

私が上海へ出張を命ぜられる三カ月前の昭和十二年八月下旬、第二野戦化学実験部が編成された。部隊長は風早清工兵大佐で、本科将校一〇名、高級軍医を含む軍医七名、獣医一名、さらに陸軍習志野学校（毒ガス戦要員の養成機関）と陸軍科学研究所第三部技官一〇名、各科下士官等で、総勢一〇〇名余りの少人数で構成された部隊であった。

この部隊の久葉昇（獣医少尉後に少佐）杉田正三美（火工伍長後に曹長）、長坂仁愛（鍛工伍長後に曹長）は、三年間連戦して内地に帰ったが、登戸研究所が科研から独立した時に、配属となった。

風早部隊は九月十二日、揚子江河口南岸に上陸、上海派遣軍に隷属して上海戦に参加、実験所の開設を急ぐとともに化学戦資料収集に出動した。戦線は廟行鎮、大場鎮、上海市街の閘北の線に展開しており、堅陣を敷く中国軍陣地に対し攻撃を加えていた。

部隊の資料収集班は連日前線に出動し、中国軍の催涙性ガス弾の不発弾と黄燐弾の破片等の収集に努めた。

上海派遣軍報道部は、中国軍のガス弾使用の事実を明らかにするため、上海の日本総領事館に内外の記者を集めて発表することになり、信管を除去した不発ガス弾その他資料を展示した。この報道部は、外国租界の情報収集を重視して新設されたもので、内外の宣伝と、中国、米、英の情報を集めた。のちに情報部と改称される。

十月中旬頃、科研二部篠田班の大月少尉（後に大尉）が、試作した三種類の兵器を持参して部隊に渡し、使用法の説明と実習を指導した。これには戦地での実験依頼があり、杉田と長坂がこれらの実験を行った。

こうした上海での任務の関係で、杉田と長坂は登戸研究所に配属されることになった。また前出の獣医久葉少佐も登研二科に配属され、山田大佐の下で対動物謀略の研究に従事したのも、不思議な因縁であった。

関東軍情報部と登戸研究所

戦火は次第に中国全土に波及した。とくに北辺で事端が起こらないように意を用いたが、極東ソ連の要域に対する赤軍の兵力増強、トーチカ等の陣地構築は強化の一途をたどった。国境警備その他安保態勢は強固となり、並行して日本と満州国を目標とする秘密謀略戦はいっそう激化するに至った。

日本国内でゾルゲがスパイ工作に辣腕を振ったのは昭和十三年から十六年の間の出来事であったが、モスクワの指令は満州にも及んでいた。

当時の満州の秘密戦機関はハルビン特務機関（関東軍情報部）であった。そこでは諜報、防諜、諜略、戦前の高度の秘密戦工作を、隠密裡に計画し実施していた。

満州国は諸民族の集まりであり、白系ロシヤ人、漢民族と朝鮮系民族はいずれもそれぞれの母体を国外に有しており、政策、戦略両面にわたる策謀が熾烈に実施されていた。

極東ソ連では昭和十年頃以降、対日戦備は急速に充足されていた。これにしたがい東部国境と隣接する地域の警備態勢も強化された。そのために日本からの諜報工作は完全に近い位封殺されるようになっていた。その一方、ソ連側は保安機構を確立しながら、満州国と在満州日本軍に対する諜報工作を活発に行っていた。

ソ連は帝政ロシア時代から北鉄沿線と以北の地域に確固不抜の勢力を築いていた。国境の警備を増強するとともに、満州国内の要点に対しても積極的に工作拠点を設置していた。

満州事変後、日が経つにつれ双方の兵力は増強され、主張の対立激化にともなって、紛争の危険をはらんでいた。このような情勢下、ついに日ソ両国の間に軍事衝突が生じた。


昭和十三年七月の朝鮮東北端、ソ連との国境に近い張鼓峯で発生した「張鼓峯事件」と同十四年五月、外蒙古と満州の国境ハルハ河での「ノモンハン事件」であった。

この時期、参謀本部は、関東軍事司令部参謀部と関東軍憲兵司令部と数回にわたる接渉を重ね、昭和十三年十一月四日から十二月六日まで篠田鐐大佐を満州国へ派遣した。私は助手として同道の命を受けた。

十一月十三日、下関港を関釜連絡船で出航した。風雨ともに強く海上は荒れ気味で難航したが、翌日釜山港に入港した。船が岸壁につくと、関東軍憲兵司令部付亀井眞清大尉の部下である憲兵准尉と憲兵曹長の二人が船内に乗り込んできた。東京から持参した秘密戦教育用の重要書類入りのかばん二個と大トランク三個計五個の受け取りに、新京（長春）より来た旨篠田大佐に申告した。二人は新京まで警護を兼ねて同道した。

釜山発の急行で京城を経て、大連発新京行き満鉄特急「あじあ」号に乗車した。「あじあ」号は展望一等車、食堂車など六両編成。流線型機関車で時速百二十キロ、動輪直径二メートル、満鉄が世界に誇る超特急列車であった。当時の内地の特急にくらべ、空調設備が整って室内調度も満州産クルミ材を主に用い近代感覚あふれたものだった。新京駅には亀井大尉が出迎えてくれた。司令部に書類、器材の保管を依頼し、ようやく肩の荷を降ろした。

翌日の午前中に、篠田大佐は関東軍参謀部、関東軍憲兵司令部に出頭し、防諜、諜報、謀略、宣伝の各主任関係者に申告した。その後、秘密戦情報、とくにソ連の行使した過去の技術的事例の説明を受けた。

午後からは、憲兵隊員の教習所の教室で、四十名程度の憲兵に対し講義を行った。二日間の篠田大佐の講義の内容と項目を列挙すると次の通りである。

一、秘密戦兵器（器材）概要

1．諜報器材　2．防諜器材　3．謀略器材　4．宣伝器材

二、各国の秘密戦機関の組織、機構　特に米、ソ、中国の比較

三、憲兵科学装備器材
四、陸軍登戸研究所主要研究項目
五、列強国の秘密戦の事例と実態

三日目は私の専門分野である次の項目で講義と実習を行ったが、時間不足で充分な成果をあげられなかった。

一、化学的秘密通信法とその発見法
二、郵便検閲法（書信及び梱包検閲法）
三、実例と実習

憲兵への教育を終えたあとは、ハルビン特務機関を重点に満州各地の第一線機関の視察と情報収集に出発した。

ハルビン特務機関では当時、特務移民による安藤方式を培養する努力を傾注していた。第一次特殊移民は予期以上の成功を収めて各地に新設を見、漸次規模も拡大されていた。また文書諜報班も活発となり、その成果はあがっていた。

当時満州全体の治安は、一部を除いてほぼ平穏状態になっていた。関東軍は隷下部隊に対し、兵力を結集して、対ソ作戦のため訓練に邁進することを要求した。

満州事変で設置された特務機関の大部も、満州国の行政に対する内面指導、満州事変処理の任務から解放され、逐次廃止されることになった。

かくして、奉天を除く満州の特務機関は再び本来の対ロシア業務に戻り、北方ソ連に集中されることになった。奉天機関は引き続いて関東軍司令官の直轄として対満州情報の収集に当たっていた。

極東ソ連の、要地に対する赤軍の兵力配置、防塁施設、国境警備、保安態勢はいちだんと強化され、ソ満国境の対ソ情報戦は到底期待すべくもなかった。したがってソ満国境の第一線機関は止むなく最先端の機関を後退させ、新たに他に移ることになった。

この時期、第一線の機関が関東州大連に新たに設けられていた。またこの年から昭和十三年にかけて三江省富錦の機関は、チャムスまで後退した。長い間朝鮮軍の管轄下におかれていた間島地区が関東軍に帰すとともに、機関を延吉に置くことになった。この他、密山機関が後退して東安に移り、東部正面で最先端に位置していた綏芬河のポストを牡丹江まで退げた。チャムス、延吉、牡丹江機関の新設とともに富錦、綏芬河はそれぞれ機関の分派機関となった。

篠田大佐と私は、新京滞在中まずハルビン特務機関を訪れて情勢説明を受けた。その後、綏芬河、延吉、牡丹江、チャムス、ハルビン、新京、吉林、奉天、の第一線機関を回って帰国した。満州への出張は昭和十四年九月初旬にも命ぜられたので、まとめて後述することとする。

ノモンハン事件は日ソ両軍の間に展開された近代戦の一つであった。戦争指導も、戦略、戦法の原理に関する問題に対しても即急の改善を促した。

ハルビン機関は、事件に初めて戦場情報班を進出させたが、日系工作員の集団戦場離脱が起こるなど苦い経験をなめた。

事件が終わると中央部は、関東軍のスタッフとともにノモンハン事件研究委員会を組織した。情報担当者は分科として情報勤務専門委員会を設けて、詳細にわたる検討を加え、業務の向上に努めた。

その結果、情報部機構の編成化、業務の刷新向上、野戦情報隊新設の準備、ロシア語教育隊の設置などが決定された。また特務機関以外の情報業務については、無線情報と向地視察班の強化が企画された。

在満の特務機関は、従来、軍隊区分にしたがって臨時編成されたものであり、諜報、謀略などの準備実施のみハルビン機関長の統制指導を受けることとされていた。しかし、人事、経理などはすべて新京で担当することとなっていたため、機関長の掌握統制は必ずしも徹底的とはいえなかった。関東軍としても、多くの特務機関の維持管理を直接担当して、煩雑であった。

このような情況から、昭和十五年四月の改編で関東軍情報部が創設された。この改編でハルビン特務機関は情報本部となり、大連、延吉、牡丹江、東安、チャムス、黒河、ハイラル、三河、王爺廟はそれぞれ情報本部支部として本部に完全に隷属した。こうして「軍隊にあらざる特殊の機関」は、日本軍として最初の「情報部隊」となったのである。

しかし、この時期からは一般の野戦軍隊との業務上の関連が深くなり、将校、下士官、兵など一般軍隊との交流も頻繁になった。影をひそめながら秘密戦にたずさわった往事に比し、とみにその存在が表面化してきたことは否めない。こうした空気が反映して、その特務機関らしさが失われたかのような印象を、一部に与えたことも事実であった。

情報部が編成された時、蒙彊の阿巴夏に特務任務機関ができて関東軍情報部の隷下支部とされ、ハルビン本部の管轄地域は、全満州と関東州のほか内蒙まで及ぶこととなった。

第一線の軍には、動員計画で野戦情報隊が置かれ、また軍司令部所在の第一線支部は、戦時にその指揮下に入ることが指定された。また平時にはハルビン本部と各支部は要員の養成に協力し、業務訓練を援助実施するとともに秘密戦の研究、準備、備蓄に努めることとされた。

昭和十四年から十五年にかけては、秘密戦史上特記すべき年であった。

国内では、陸軍科学研究所の篠田研究班が独立して登戸研究所に昇格し、「後方勤務要員養成所」が十五年八月に中野学校となり秘密戦要員の教育機関となった。また、十四年五月のノモンハン事件で、翌十五年四月、満州国に関東軍情報部が創設され、ハルビン特務機関が情報本部となったことがあげられる。

参謀本部は、関東軍司令部、ハルビン特務機関、関東軍憲兵司令部の招請を受け、篠田、私の両名に再び出張を命じた。新設されたばかりの登戸研究所の研究計画の立案と現地の第一線機関の秘密戦に対する要望事項を収集、調査、分析するためである。十四年九月初旬から十月中旬まで満州に赴いた。

関東軍情報部などの指示と秘密戦の技術的要望を詳細に受けた後、西部、北西部の第一線機関である満州里、ハイラル、チチハル、黒河の第一線機関長、出張所長と面接した。最初に登戸研究所の主要研究項目を技術的に説明した後、各機関の実情を調査した。述べたのは主として諜報、諜略、器材の運用法や使用上の注意事項だった。

満州の秘密工作員は、日系人が主だったが、白系ロシア人、漢民族、朝鮮民族、それにダブル工作員などの混在で、指揮運用は至難であり秘密戦策謀も往々にして失敗に帰することがあった。

関東軍参謀部は諜報を大別して人的諜報、文書諜報、科学諜報の三つに区別していた。ハルビン情報本部と隷下特務機関が担当実施の諜報活動は、人的、文書の二つの分野とされていた。科学諜報、すなわち無線傍受と暗号解読については、創設時から情報部と特務機関は無関係とされ、特殊情報部門の受け持ちとされていた。

越境スパイ活動は、ソ連の極東地域への兵備増強、国境付近要地に対する陣地設備の構築、国境警備の充実と、これに伴う国内全般の防諜態勢の強化によって、困難の度を増し、ほとんど絶望的に近いまでに阻まれる事態に陥っていた。

工作要員の採用と養成は、ロシア語教育隊、情報教育隊で担当し、白系、蒙古系、満州系、朝鮮系の異民族による情報工作要員の採用、戦場情報業務の教育訓練はハルビン本部と各地支部が、側面から援助協力するようになっていた。

ソ連側の国境警備は厳戒をきわめていた。住民は住居証明書を必携とし、国境都市や指定地域への出入りには、特別許可書が必要とされ、防諜措置は完璧であった。一方、満州国側の諜報機構は立ち遅れていて、ほとんど無策の状態であったといえる。その結果、朝鮮、満州人、白系ロシア人諜者を投入しても、その成果は全く期待できなかった。敵の要地、要所を隠密裡に偵察したり、要衝に固定諜者を潜在させることも、まったく不可能になった。

諜者が国境を突破すると、直ちに敵の監視兵、斥候に発見されたり射殺され捕らえられて逆用されることもあった。ソ連監視兵の多くは、よく訓練された軍用犬を連れていて、その鋭い嗅覚で追跡された。

敵軍用犬の追跡からいかにして逃れるか。現地機関の要望事項の最重点としてこれがあげられた。昭和十四年末、参謀本部を通じ正式に関東軍司令部から要請があり「軍用犬の追跡防止と潜入行動資材に関する研究」が登戸研究所に命ぜられた。

登戸研究所では、潜入行動資材の研究として、

一、軍用犬追跡防避剤「エ」号剤（発情剤）の合成研究

二、警戒犬突破方法の研究

1．各種軍用犬殺傷器材の研究　2．経口発情剤の研究　3．口内麻痺剤の研究

の研究を実施した。班長の村上少佐は、合成剤「エ」号剤を試作し、ソ満国境でテストした。工作員（諜者）の足跡の要所要所に「エ」号剤をまいておくと、追って来た捜索犬は、そこでからだを地上にすりつけて耽溺してしまい、追跡を忘れてしまうという方法である。経口発情剤や校内麻痺剤は、犬の口の中にどのように入れることができるかが重大問題であった。よく訓練された軍用犬は、捜索中は地上に落ちている食物を絶対に拾って食べないこともわかった。

登戸研究所は軍用犬追跡防避の「エ」号剤の成功例を映画化し、陸軍省、参謀本部、現地の

参謀部員に見せた。

　また潜入行動資材としての補力剤の研究も行われた。遊撃隊員、工作要員を敵地に潜入させ長期にわたり行動するためのもので、軽量携帯食糧の研究、強力栄養剤の研究があった。さらに、強力ビタミン剤、急速栄養補給剤、頭脳と目の補力剤、疲労回復剤の研究を中内大尉が担当したが、一部の完成を見たのみで終戦に至った。

器材試験依頼の出張

昭和十二年十一月日本軍は上海を占領し、続いて十二月南京を占領した。軍部は、南京占領によって国民政府に重大な打撃を与え、「城下の盟」をさせることができると予測していた。

　当時、国民政府の一部にも、和平論が頭をもたげてきていた。南京攻略が迫るとともも汪兆銘（精衛）が蔣介石に向かって熱心に和平を説いた。あくまでも抗戦継続の意志を強める蔣介石は汪を「反逆者」としたため、汪はハノイに脱出した。日本側は、影佐禎昭少将と犬養健をハノイに送り、汪兆銘を山下汽船の船で密かに上海に迎え入れた。汪は東京に赴き、日本政府と協議の後、華北を経て上海に帰着した。この事態に対処して日本は、影佐少将を長とし、陸軍、海軍、外務各省からの出向者や民間人を加えた「梅機関」を組織し、汪兆銘の国民政府南京遷都工作に協力した。

　こうして、昭和十五年三月三十日、中華民国国民政府（汪政権）が南京に成立、続いて十一月二十九日、汪兆銘は南京政府首席に就任した。

これに先立つ昭和十五年二月三日、中華民国の南京所在の支那派遣軍総司令部と上海への出張を、私と長谷川恒雄（技手）は篠田所長から命ぜられた。

私にとっては二度目の南京、上海出張だった。出張の目的は、主として登戸研究所製の謀略兵器と諜報器材を戦地で実験する依頼と、参謀部員に対し眼前でその威力と効果を示すデモンストレーションを行ない、秘密戦研究の認識と評価を得ることであった。

筆者と長谷川技手が、南京郊外の広場で実験したのは、爆破、殺傷（放火）用謀略器材として、缶詰型爆弾、レンガ型爆弾、チューブ型爆弾（プラスチック型）、偽騙焼夷筒、散布焼夷筒、焼夷板、黄燐系焼夷剤（自然発火性）。諜報兵器として、秘密インキ、硝化紙（証拠煙滅用秘密通信紙）、水可溶性通信紙、耐水用紙、白色蛍光鉛筆（紫外線型）であった。

実験後、見学した参謀から「称賛に値する」との評価を得、大いに面目を施した。

上海では上海憲兵隊の協力で研究、参考資料として中国製品の偽騙変装資材を購入した。購入したものはすべて中国の一般市場で入手容易な物品で、被服類、旅行用具、缶詰、中国酒、ウイスキー、菓子類（缶詰）、文房具類などであった。

秘密戦で偽騙、変装は不可欠で、工作員の危地潜入の場合、潜行、潜在、偵察にあたり、身分偽騙、物件偽騙、行動偽騙、拠点偽騙のいずれが欠けていても、不満足な結果となる。

偽騙法の物件偽騙は、缶詰型爆弾、レンガ型焼夷剤、満州での雨傘焼夷剤、擬装した時限爆弾等である。身分偽騙には、偽造パスポート、偽造身分証明書、偽造住居証明書などがあった。

南京出張の折、紫外線型白色蛍光鉛筆を見本として提供した。しかしこれを対重慶工作員に持たせ潜入させたところ、逮捕処刑されて工作は失敗に帰したことが帰国数カ月後、南京の総司令部参謀部より篠田所長あての通告で分かった。

この鉛筆は重大な工作用に使用すべきでなく、第一線で部隊間連絡用に使用するためのものであった。鉛筆には何の偽騙もされていないうえ、外観、性能とも中国製の筆記用鉛筆に比べてあまりにも出来が良かった。一見しただけで日本製であることを証明するものであった。判読用の紫外線発生も、懐中電灯のレンズを紫外線フィルターに取り替えたものであった。

重慶工作のような重大な工作には、秘密インキの中から最適なものを選定し、使用すべきであった。この件に関しては中支那派遣軍参謀が「かかるものを使用するのは不適当であるとの認識が欠けていた」として、私には何らの咎めもなく終わった。だが私の説明不足に一半の責任があったことを認めざるをえなかった。

敵側謀略実施例

私は篠田所長の助手として二回満州国に出張したが、新京での憲兵教育とハルビン特務機関から収集した敵側放火謀略の使用薬品、点火方法、実例を表示すると表1のとおりであった。

仏領サイゴンで真珠湾奇襲を聞く

昭和十六年十月二十五日、私は陸軍技師から兵技大尉に任官した。十一月二十二日、篠田所長から参謀本部の命により南支那、仏領インドシナへの出張を命ぜられた。

表1　ハルビン特務機関が収集した敵側放火謀略の実例

薬品名	配合比	点火方法	実　例
塩素酸カリ 乳　糖	75％ 25％	硫酸の浸透法	○○学校の放火 その他37件
塩素酸カリ 乳　糖 松脂（樹脂）	70％ 29％ 1％	時計仕掛けの電気点火	○○廠の放火
塩素酸カリ 炭酸ストロンチューム 松　脂	78％ 15％ 1％	導火索、線香等	
塩素酸カリ 酸化鉄 過酸化マンガン 木炭粉 松　脂	75％ 8％ 12％ 3％ 2％	硫酸の浸透法 時計仕掛けの電気点火	中原会社の放火、 乾燥草集積場の放火
塩素酸カリ アルミニュウム粉 樟　脳	66％ 24％ 10％	硫酸の浸透法 導火索、線香等	倉庫の放火、旅館の放火 ○○廠の放火

南部仏印は七月二十八日、日本軍が進駐してから仏印政府と共同防衛協定を結び、日本の南方進攻作戦の後方基地となった。同地域のトラブルを避けるため、特殊工作機関は設立しなかった。しかし、サイゴンは日本の南方進攻作戦の後方兵站基地として、重要な拠点であった。

十一月二十五日、門司港を出発、別命のあるまで待機することになっていた台湾の台北に向かった。十二月六日、台北飛行場に飛行準備を終えた双発ダグラスDC－3型民間輸送機が用意してあった。同機は旅客用座席を全部排除し「登研」製秘密兵器を満載していた。乗員は操縦士、機関士、それに私の三名のみだった。海南島経由仏領サイゴンまでの宰領を参謀本部より下命されたのであった。

積載した秘密兵器は、前年の昭和十五年二月から三月の間の南京出張の場合と同様のもので、謀略器材として爆破、殺傷、焼夷（放火）の大部と、諜報器材の一部であったが、その数量は前年の約三倍ほどあった。

さて、六日早朝台北を発ち、南支那海上を一路海南島をめざしたが空港間近にして急に豪雨に遭遇した。一時間以上も低空飛行してやっと海南島海軍航空基地に無事着陸することができた。翌日早朝、海南島を飛び立ちサイゴン航空基地に到着した。直ちに参謀部員に宰領品目、数量、取扱説明書等の確認を得て私は重要任務を完遂した。

宰領物件の中には工作員の使用する拳銃があった。それは私が篠田所長に意見具申した、全国の家庭に保存されている小型拳銃（当時は銃刀法はなく火器刀剣類の所持はきびしく禁止されていなかった）を供出、収集したものである。

この百五十挺をサイゴンの南方軍総指令部参謀部に引き渡したのであった。

幸運だったのは、十五年十月、中野学校を卒業した大郎良定夫中尉（後に少佐）が、参謀部付として赴任していたことであった。

十二月八日、大東亜戦争の幕開けとなった「真珠湾の奇襲」の勝利は、戦争指導者にとっては確かに理想的な成功で、「天佑」を確信したに違いない。この緒戦の勝利を祝して、南方軍総司官寺内寿一大将は部下将校を講堂に集め、自らの乾杯の辞で祝杯をあげた。簡単な祝宴ではあったが、思いがけず列席できたことは忘れがたいできごとであった。

途中海南島への不時着の好運を味わい、寺内南方総軍司令官と共に、諸戦の勝利祝宴に参加した満悦感にひたりながら、十二月十三日、空路無事福岡空港に帰着した。

前出の大郎良は昭和五十三年三月一日、中野学校友会編『陸軍中野学校』発刊に際し、初代会長となってその編纂にあたった。

藤原機関、岩畔機関の工作

大東亜戦争突入以後、東南アジア諸国に対する軍事的行動、政治工作は、中野学校卒業生を中核として行われた。これらの工作は、東南アジア諸民族独立を企画した、知識人、軍人などの協力で計画され、実行動を推進させていった。その典型的な例が昭和十七年二月のシンガポール攻撃である。

参謀本部では第八課から藤原岩市少佐（元中野学校教官・終戦時中佐）と同行卒業生山口源等中尉（終戦時少佐）らはマレー半島工作機関を組織し、南方作戦に対応する秘密機関を誕生させた。「藤原機関」は後にＦ機関と呼ばれるものである。Ｆ機関とは「Fujiwara・Friendship・Freedom」の頭文字をとって名付けたものである。

日本はインド独立運動の支援に乗り出し、反英独立の運動を助長した。藤原機関のインド工作、これを引き継いだ岩畔機関（機関長岩畔豪雄大佐）の本格的独立工作へと発展する。

藤原機関の指導でＩＩＬ（インド独立連盟）とＩＮＡ（インド国民軍）の組織が本格化したことにより、大本営陸軍部では、ビルマ、インド方面に対するその後の戦争指導に備えるため、インド独立運動への支援を、国家的規模で展開することを企画した。

この方策としては、まず独立運動の中心的人物として、東京在中のインド人・ラス・ビハリ・ボース氏を予定し、これにアジア各地に亡命中のインド独立運動家多数を東京に召集し、会議を開く準備を密かに進めた。

昭和十七年二月、中野学校出身の赴任者の構成は以下のようであった。

乙・短（陸軍士官学校卒業の大尉、中尉を主とし、その他現役将校を推薦により乙種学生として入校させた）、乙・短（予備士官学校卒業）、乙・長、戊種卒業生（下士官候補者出身を試験により採用）。多数は、南方軍総司令部付となり二回に分けてサイゴンに赴任した。

サイゴンの総司令部に到着後は、ビルマ進出中の藤原機関ビルマ工作班の一部と藤原機関本部（シンガポール）に多くは配属された。残余はサイゴンで岩畔機関の編成準備に当たることになった。

間もなく、参謀本部より、ラス・ビハリ・ボースの名で次のような電報が届いた。

「東亜各地のインド代表を東京に招請し、祖国インドの解放に関する政治上の問題について懇談を催し、かたがた日本側との意志疎通をはかるため、マレー・タイ方面のＩＩＬの代表十名を三月十九日までに東京に到着するよう配慮されたい」

この会談は、東京赤坂の山王ホテルで、昭和十七年月二十八日から三十日に至る三日間行われたので通称山王会談と呼ばれていた。会談には、岩畔大佐と藤原少佐も参加した。

この山王会談を機に、これまで藤原、岩畔以下数名の機関で実施されてきたインド工作は拡大強化され、新たに岩畔豪雄大佐を長とする岩畔機関が誕生することとなった。

岩畔は陸軍省の枢要の地位を歴任し、陸軍の中でもその達識と政治的才腕には定評があり、政府や民間の有力者にも多数の知己を持つ特異な軍人であった。

情報機関の整備についてはすぐれた定見を持ち、陸軍中の学校の創設に尽力しただけでなく、陸軍第九技術研究所（陸軍登戸研究所）の独立にも重要な役割を果たしている。

昭和十八年五月十日、私は秘密戦資料の収集と秘密戦兵器の技術的指導を目的として、シンガポール、マレーのペナン島、スマトラ、ジャワ、フィリピンへの出張を参謀本部第二部第八課（謀略・諜報）より命ぜられた。

翌十一日、羽田から空路まずシンガポールへ到着。南方軍総司令部参謀部と岩畔機関へ出頭した。このあと、クアラルンプール、スマトラ島のパレンバン、ジャワ島のジャカルタ、バンドン、さらにフィリピンのマニラへという日程が作られた。秘密戦兵器の技術的指導と要望を聴取を続けた。また、中野学校出身者の活躍と成果を見聞したのである。

ペナン島には岩畔機関特務班ペナン出張所があり、出張所のある港はマレー半島西岸に位置し、海軍基地でもあった。また、潜水艦を利用したインドへの潜入工作員の投入に至便な良港であった。

特務班は小山亮班長のもとに特殊勤務要員として各種エキスパートの嘱託、文官、通訳のほか「中野」出身の金子昇少尉（乙・長、終戦時大尉）松重俊雄少尉（乙・短、終戦時大尉）ら数名の下士官が勤務していた。

インド独立連盟からはラガバン氏、オスマン氏、アラガッパン氏、インド国民軍からはギラニー中佐が参画、島の各所に分散配置されて特殊教育と激しい訓練が続けられた。

開設以来一年を経て、教育も順調に進められ、いよいよ潜入工作実施の時期となった。

海軍の協力を得て、インド内に工作員を送るため、潜水艦を使用することになり、潜水艦利用のための特殊訓練が続けられた。

一行の上陸地点は、インド西北、カチャワル半島のマングロール付近とし、任務は主として軍事情報収集だった。英印軍の動員、編成、装備、配置、移動、士気、給与などのほか、主要空軍基地の状況（飛行場の位置、格納庫、滑走路、機種、機数など）、軍需工場、造兵廠、電源地、油送路などの調査が指令された。こうして数組の潜入工作員がインド内部に潜入することに成功し、期待どおり有力な情報を送ってきた。

また、境勇大尉（一期生）の訓練する落下傘の訓練がマレー半島スンゲィバタニー飛行場に移されてきたのを機に、ペナン出張所で教育していた要員が降下訓練を受け、それからの潜入工作を実施することになった。

同班要員は指定地に潜入し、情報収集班と協力して貴重な情報を日本側に打電してきた。機関ではこれらを受信するため、ラングーン郊外に塚本繁中尉（乙　短・終戦時大尉）を担当とする秘密無線基地を設置していた。

これにより東部インドのもっとも重要な敵軍の情報が手に取るように入電され、機関本部ではこの成果に凱歌をあげた。

パレンバン降下作戦

シンガポールの南方軍総司令部参謀部、岩畔機関のペナン島基地で秘密戦資料の収集を約二週間にわたり行ったあと、インド独立工作の初期攻略戦の一部を知悉し、次の目的地、オランダ領インドシナのスマトラ島パレンバンに向かった。

南部スマトラのパレンバンには、極東最大の製油所があり陸軍はその無傷確保を期した。シンガポール陥落前の昭和十七年二月十四日、パレンバンに対して行われた陸軍挺進隊の落下傘降下の奇襲作戦は、見事に敵の意表をつき、製油所は無償のまま日本軍の有に帰するところとなった。この落下作戦は、きわめて隠密裡に用意され、周到な現地情報の収集と緻密な攻撃戦術の研究を積み重ねた結果の成功であった。

降下作戦以前に日本は、日蘭通商会談を強力に推進すべく努力したが、蘭印の米英に対する依存の度はますます強固になるばかりで、ＡＢＣＤラインの対日圧迫は強化された。

このように緊迫した情勢下にあった昭和十六年初め、参謀本部六課勤務の中野学校第一期卒業生丸崎中尉はスラバヤ領事館在勤の命を受けた。また同じ頃新穂中尉（一期）はパレンバンとジャンピの石油事情調査のため、同盟通信通記者を装って出張を命ぜられた。

同年四月、当時中野学校幹事の上田昌雄大佐に対して、杉山参謀総長よりパレンバン攻略計画策定のため現地調査に赴くよう異例の命令が発せられた。上田大佐は現地で丸崎中尉、新穂中尉と連絡をとり、帰任後参謀総長に対し次の要旨の報告を行った。

「無傷のままにパレンバンを奪取するためには、海上方面より陽動作戦によって敵を眩惑し、落下傘部隊をもって一挙にこれが攻略に当たる可とすべしと結論せり」

上田大佐は登戸研究所の篠田所長と知己であり、従来より秘密戦運用について意見を交わしていた。

同年十一月、中野学校長川俣雄人少将は、岡安茂雄教官（統計学担当）を密かに招き、石油に関する所要の調査研究を命じた。

第一次調査は、主として文献によって行われ、石油資源の分布、産出量、開発予定地、主要各国の需給状況、石油資源外交、採油、精油、運搬、貯蔵設備などの一般的内容にわたるものであった。

第二の課題として採油及び精製施設についての実態調査を命じ、新潟地方の油田と柏崎鉱業所（日本石油）で調査を進めることとなった。

こうした重要な基礎的調査業務の展開にあたって、川俣少将の戦略的運用は見事で、予想される調査の量と所要日限、要員の能力等に応じてこれを巧みに調整指導していった。

パレンバン攻略は空からの落下傘部隊による隠密奇襲作戦である。パレンバン降下部隊とともに行動すべしとの命令を受けたのは、「中野」出身の米村中尉、星野少尉、吉武少尉それに下士官三名の六名であった。彼らは陸軍中野学校で岡安調査団に紹介され、石油関連事項とパレンバン周辺の事情について説明を受けるとともに、降下後の各種工作の方法について共同研究に入った。

現地演習についても保土谷製油所を舞台として実務的訓練を受け、成果は後のパレンバン奇襲作戦で遺憾なく発揮されたのである。

私は、パレンバン攻撃空挺部隊の活躍ぶりを五日間にわたり聴取し、占領後の製油所の操業、原油生産状態を視察し終え、次の目的地ジャワ島のバタビア、バンドンをめざして空路出発した。

ジャワ攻略とラジオ謀略工作

スマトラの石油最大基地パレンバンから空路ジャワ島のバタビヤ（ジャカルタ）に向け出発したのは、昭和十八年六月一日であった。

ジャワ攻略の今村均大将隷下第十六軍がバンタム湾に上陸したのは、十七年三月一日であった。パレンバン占領後一年余りの後であった。

昭和十七年二月十五日のシンガポール陥落に前後して、パレンバン、南ボルネオ、セレベス、バリ島、チモール島占領など、オランダ統治下のジャワ島に対する日本軍の包囲網は、次々に圧縮されつつあった。

今村大将指揮下の第十六軍は、バンタム湾、エレタンに三月一日午前零時上陸を決行した。参謀部別班（謀略班）の柳川宗成中尉は通訳を伴い、バンドン守備軍司令官ペスマン少将に直接投降工作を行うため出発し、敵将に直接面談して無条件降状の端緒を開いた。

一方、東海林支隊派遣の工作員は、カリジャティ飛行場を確保すると、バンドンに対する投降工作を開始し、細川参謀は宮本中尉とともにバンドンに突入、敵を無条件降伏に導いた。この作戦に関連し、南方総軍付の大郎良中尉が企画実施したサイゴンよりの謀略放送が、孤立したバンドン連合司令官に無条件降伏の決心を早めさせた成果は、画期的なものといえる。

第十六軍司令部がバタビア市で行政を開始すると、丸崎大尉は「軍政に必要なる緒事情と各種情報の収集、民心の把握、および民族工作に任ずべし」という命令を受けた。

「中野」出身者全員と通訳約十名で参謀本部別班を編成、事務所を開設した。宣伝班より下士官二名を受け入れ、経済戦士として内地より派遣されてきた旧ジャワ在留邦人二十数名を編入した。バタビア市以外に支部を設け、支部はさらに全島にわたって細胞を広げ情報工作の網の目を密にしていった。

ジャワ攻略時にサイゴンの南方総軍参謀部情報主任参謀であった大槻中佐は、同部の大郎良中尉を招き、ジャワ作戦にあたって予想される蘭印軍の資源破壊を抑止するために、何らかの方策が考えられないかと意見を求めた。大郎良中尉の進言を受けた大槻中佐はジャワ攻略に伴う特殊放送工作としての、ラジオ謀略計画を立案した。

蘭印政府は、対内施策で特にラジオ放送を重視し、報道されるニュースに対する統制検閲はきわめてきびしく、政府、軍当局から発せられる命令指示の一部をはじめ、人員や物資関係の動員命令、橋梁や資源の破壊、作戦命令の一部も、暗号、隠語などでラジオにより下達されていた。

三月一日、ジャワ島北岸に三方面から上陸を敢行した第十六軍の進攻は順調に進んでいたが、バンドン放送局を空襲で破壊することは容易にできない状況にあるので、やむなく敵の電波の有無にかかわらず、波長を微調整のうえ、大出力の近似波長で放送を開始した。放送はすべて蘭印政府と敵軍側の名で行うこととした。

活動をはじめてから放送終了までの一一三時間にわたり、敵側の名で放送された主要なニュースなどは一二一項目に及んだ。

放送内容は、インド、オーストラリアなどの連合軍諸国の通信社にもオランダ側のものとして傍受されていたようで、ワシントン電、サンフランシスコ放送、シドニー経由リスボン電などとして、国際的報道通信網にも取り上げられた。当時の日本の同盟通信社もそれを外電として日本国内に伝えていた。

七日二十二時、敵電波は遂に全面的に沈黙。八日二十時三十分、全面降伏についての放送を最後に、敵には永遠の謎を残しながら特殊放送の使命を終えた。

私はジャワのカリジャティ飛行場に降り立つと直ちにバタビア市（ジャカルタ）の第十六軍参謀部に出頭、同市のプラパタンガルビルに開設していた参謀部別班に案内された。

参謀部別班は中野学校出身者全員を主力とし、従軍の通訳、宣伝班要員、旧ジャワ在留邦人多数から構成され、前述の参謀業務命令に従い活躍していた。

数日滞在の後、バンドン支部に赴き、元蘭印総督府、元蘭印中央放送局、主要官庁などを視察した。その当時は、インドネシア青年指導者養成の道場、対オーストラリア諜報工作機関などが工作規模の拡大を計りつつ準備中であった。

筆者はジャワにおける十日間の出張を終え、最後の出張先であるフィリピンのマニラに向かった。

最終地フィリピンへ

私が最終の出張先であるフィリピンのマニラに空路到着したのは、六月十二日のことであった。

当時、フィリピンは第十四軍（司令官田中静壱中将）占領下にあり、全般の情勢はコレヒドール攻略戦を最後として、戦域の対米作戦も一応終了し、軍の駐留する勢力圏内の治安や民心も、戦後のやすらぎに似た雰囲気で安定した様相を示していた。

昭和十七年十一月、陸軍省防衛課勤務の須賀通夫大尉（一期）、南支派遣軍勤務の馬場正敬中尉（乙　短）は第十四軍参謀部付を発令された。その後逐次「中野」出身者が派遣され、昭和十九年十二月末には、第十四方面軍に赴任した者は九十八名を数えた。

私がマニラに出張したのは、十八年六月十二日から二十四日までの十三日の短期間であり、比島戦の初期段階にあった。他の南方緒地域には、大東亜戦争開戦前後から「中野」出身者が多数配属されていたが、フィリピンでは少数の赴任者がいた程度であった。

兵科将校でない技術将校である私が各地の戦線を巡視し得たことは、無上の光栄であり好運であった。開戦以来約一年余を経過した時点で、予定通りの作戦の進捗に軍は一応安堵していた。予想以上に順調に、しかも短時日に所期の目的が達成でき、私は、六月二十五日、四十五日間の長期にわたる出張を終え、マニラより空路福岡空港へ帰着を果した。

第二章　登戸研究所の疎開、終戦

中野学校の遊撃戦要員養成が本格化準備

昭和十八年二月、日本軍はガダルカナル島からの撤退作戦を開始、四月十八日、連合艦隊指令長官山本五十六がソロモン群島上空で撃墜され戦死、戦線は完全に守勢に転じた。この年の中頃には、遊撃戦の展開準備に入った。遊撃とは、正規軍とは別個に行動し敵の後方または弱点を狙って、臨機にあらゆる手段をもって攻撃、また敵側施設を破壊する作戦にあたるもので、劣勢のなかで正規の武力戦を側面から補ういわゆるゲリラ戦である。中野学校はこれに先立つ十七年四月、陸軍省兵器行政本部から参謀総長直轄の学校となっていたが、こうした情勢に基づき従来の関東軍、中国、南方占領地域の諜報、各種工作から、遊撃戦要員の教育と研究に重点が置かれるようになった。

十八年に入ると、参謀本部は中野学校に対し遊撃戦戦闘教令（案）の起案を命じ、遊撃戦部隊幹部要員の養成が本格化する。この幹部要員養成所として、静岡県二俣町に開設された分校では秘密戦戦士の短期養成が行われた。学生は陸軍予備士官学校、兵科学校幹部候補生から優秀なものを集め、教育期間は三カ月間であった。

登戸研究所を視察した三笠宮(前列中央、昭和19年10月)

こうして、戦争末期には中野学校関係者は、外地の作戦軍および敵の本土進攻に先立つ離島での遊撃戦要員となっていった。中野学校の川俣雄人校長は、ビルマ方面での遊撃戦資料を収集させていたが、参謀本部の命によって『国内遊撃戦の参考』およびその別冊を起案し、二十年一月、参謀次長秦彦三郎名で配布された。これは全面的な本土決戦に備え、遊撃戦の実行にあたって潜行、偵察、偽騙、破壊などの戦技をまとめたものであった。本土決戦では在郷軍人を主体とする民間人の遊撃戦を組織展開し、占領された地区では敵の後方に潜んで、敵が撤退するまで抵抗を続けるというものであった。

同年三月、本土決戦の「決号」作戦が準備されると、中野学校関係者は本土防衛軍に集結配属され、中野学校本校は中野から群馬県富岡に移転疎開した。

本土決戦が必至の情勢のなかで、富岡の本校には完全に潜行して全国に散りゲリラ戦を続ける泉部隊が生まれ、爆破、破壊活動の訓練が行われた。泉部隊は学校内でも秘匿されて決戦の日を待った。だが八月十五日、玉音放送に引き続き同部隊も中野学校も姿を消すことになった。二俣でも終戦とともに解散に移り、八月二十五日には閉鎖され、全員が軍曹に降格し原隊に復帰していった。

長野、兵庫、福井へ疎開した登戸研究所

昭和十八年秋、陸相を兼ねていた東条首相は、秘密戦兵器の実態と決戦兵器の研究開発状況を視察、督励のため登戸研究所を視察した。研究所の視察は初めてのことであり、陸軍省幹部を帯同していた。

篠田所長、各科長の説明を受けながら、巡視は二時間にわたって一科、二科の順にくまなく行われ、次々に質問を発した。視察を終えると、講堂に所員全員を集め、所見、概評を述べたあと、秘密兵器の重要性と機密保持の重要性を強調する訓示を行った。

あとで篠田所長から聞いたことだが、この時東条首相は講堂に長髪の将校がいたのを見とがめ、訓示後の所長室で「彼は何者だ」と所長に質した。所長は「彼は中野学校の教官」と弁明すると東条首相は納得したという。その将校は私であった。私は中野学校の教官を兼務しており、中野学校では教官、学生とも平服であった。

戦争末期には軍需物資がほとんど枯渇し、軍需工場、民間工場とも原資材が不足していた。登戸研究所もその影響で研究、生産ベースが大きくダウンし、完成品の種類、数量とも激減した。戦地に送る秘密兵器の生産は毎日深夜まで行われ、デッドラインにようやく間に合わせる状態であった。しかし、これらの兵器も輸送船が爆撃を受けたり、潜水艦の雷撃で、そのほとんどが海の藻くずと消えていった。

十九年九月、生田にも米艦載機による機銃掃射を受けるようになり、参謀本部の命により、篠田所長は幹部に研究所疎開の命令を下した。疎開準備であわただしい十月、参謀本部から参謀本部三部在勤の三笠宮崇仁殿下が登戸研究所来所との連絡が入った。秘密戦兵器と「ふ」号風船爆弾の研究、開発状況を視察が目的で、殿下の切なる希望によるとのことであった。殿下は篠田所長、各科長の案内で、お付きの武官や参謀本部幹部とともに広い研究所の敷地内を徒歩で二時間ほど見学され、本館前で記念写真を撮られ退所された。

篠田所長と各科長はそれぞれ疎開先の候補地捜しにかかっていた。所長と二科長の山田大佐は、長野県の伊那谷（現在の駒ヶ根市、上伊那郡宮田村、伊那村、飯島町）に二科と四科の疎開を決定した。伊那谷は中央アルプスと南アルプスの間にあって、天竜川が流れ、すり鉢の底に町村が点在していた好適な場所であった。また、中沢村（現・駒ヶ根市）は四科の北沢隆次技師の郷里であり、大本営の移転構想が出ていた同県松代、中野学校の疎開先である群馬県富岡とも連絡のよい土地であった。三科は伊藤技師が福井県武生町に出張して、地元の製紙会社と折衝し移転地を確保した。一科・四科は兵庫県氷上郡小川村（現・山南町）に疎開した。

疎開は十九年末から二十年四月までの間に行われた。全科の大型工作機器、試験機器、原材料、完成した兵器が梱包された。南武線溝の口駅からの貨車輸送と軍用トラックで運搬し、疎開先では木炭自動車、馬車、リヤカーを動員し引っ越し作業を無事終えた。

篠田所長と山田二科長は、中沢村国民学校（現・駒ヶ根市立中沢小学校）に本部を設置して関東分廠とし、兵庫県小川村に疎開した一科と四科の一部は関西分廠、福井県武生町の三科は北陸分廠とそれぞれ称した。

現在の駒ヶ根市は伊那谷の中央にあり、昭和二十九年赤穂町、宮田町、中沢村、伊那村が合併（三十一年宮田村が分立）してできた。中沢村国民学校の本部には、篠田所長が常駐した。事務室のみを残した登戸には、疎開後の残務処理として通信連絡班を置き、短波による通信回線と電信で三分廠との命令授受、連絡にあたった。製造された憲兵用資材などの兵器の保管と輸送業務は、東京・大久保の科学研究所の構内、国鉄山手線に沿ったあたりにあった分室で処理班があたった。

疎開後各科は、それぞれの疎開地で資材の研究と製造の業務施設として、小中学校の教室、講堂、倉庫、村の集会所、協議所、または大農家の家屋、蔵などを借り上げた。危険物の取り扱い場所としては応急のバラックを建設した。

私は以来終戦まで、伊那村国民学校（現・駒ヶ根市立東伊那小学校）の教室に設けた伊那村分工場の工場長となった。教室に工場長室兼庶務室を置き、補佐として工場長代理には小島達治大尉があたった。ここでは主として遊撃部隊員用の爆薬関係資材の研究、製造を行った。

疎開時の登戸研究所の編成、研究内容の詳細については、終戦時すべてを焼却してしまった。終戦直前の概要は、昭和三十三年三月、厚生省引揚援護局『終戦前後に於ける陸軍兵器行政の概要』（防衛研究所所蔵）と私の記憶によって総合すると次頁の表のようになる。

終戦と登戸研究所の解散

終戦の日の昭和二十年八月十五日、私は上京中だった。通常の連絡業務として参謀本部への出張となっていたが、その目的は知らされていなかった。正午すぎ、科学研究所内の分室で一科長の草場少将と偶然出会い、ともに玉音放送を聞いた。草場科長は午前中に参謀本部に立ち寄っていたので、なんらかの指示を受けていたような感じだった。放送を聞き終わると草場科長は再び参謀本部へ向かった。私は、用件をそこそこに翌十六日夜に伊那へ帰着した。

陸軍省軍事課の極秘通達で、機密文書、秘密兵器などの徹底的な隠滅が命令されていた。小島伊那工場長代理から終戦処理の詳細な指示を聴取したが、爆薬は十六日昼のうちに処分されていた。秘密兵器の製造は中沢村の中沢工場であり伊那工場は研究機関であったため、証拠類の隠滅は比較的容易であった。処理命令が私の上京中にあったため、貴重な研究資料や書類がすべて失われてしまったことは、今思うと残念でならない。ドイツから運び込んだ比較顕微鏡は、篠田所長と相談のうえ地元の赤穂警察署を通じ警視庁に寄贈し、実験器具や文房具は小学校に贈った。こうして登戸研究所は同十六日に、中沢国民学校で解散式を行い、その秘密兵器研究の幕を閉じたのである。

終戦直前の登戸研究所の概要

◎所在地と施設・編成

本　部	長野県上伊那郡中沢村 敷地なし、借上施設のみ ▼企画・庶務・人事・経理・医務・福利
北安曇分室	長野県北安曇郡松川村 借上３万坪に研究室２棟（約300坪） ▼強力超短波の基礎研究
中沢分室	長野県上伊那郡中沢村 敷地なし、借上施設のみ ▼強力超短波の基礎研究
小川分室	兵庫県氷上郡小川村 敷地なし、借上施設のみ ▼挺進（遊撃）部隊用爆破焼夷および行動資材・宣伝資材・憲兵資材ならびに簡易通信器材の研究・製造
武生	福井県武生町 敷地なし、借上施設のみ
登戸分室	神奈川県川崎市生田 敷地11万坪。残務整理のため2000坪使用、他は兵器行政本部へ移管 ▼資材の収集、上級官衙その他との連絡、疎開後の残務処理

◎人　員

	高等官	判任官	雇員・工員	計
武官	124人	112人		
文官	7人		618人	
計	132人	112人	618人	862人

◎予　算　約650万円
（昭和20年度配当予算）

◎研究概況

研究項目	終戦時の概況
強力超短波の基礎的研究	超短波の強力発振習性と効果について基礎的に研究し性能の向上に努めつつあった。
簡易通信器材の研究	制式通信機の整備隘路を補うためラジオ部品等をもって製造容易なる通信器材について研究し、かつ一部を製造しつつあった。
爆破焼夷資材の研究	挺進部隊用の小型爆発缶・偽騙爆薬および焼夷筒成型焼夷剤について研究し、かつ一部を製造しつつあった。
挺進部隊用行動資材の研究	挺進部隊の行動資材として、渡渉・夜光標示板・防水夜光時計・耐水マッチを研究し、なお補力資材として、携行口糧・精力剤・食料自活方法について研究し、かつ一部を製造しつつあった。
写真資材の研究	簡易望遠写真撮影方法、超縮写装置、複写装置、野戦写真処理用具について研究しつつあった。
憲兵資材の研究	憲兵科学装備要指紋採取用具、現場検証器材、理化学鑑識器材について研究しつつあった。
宣伝資材の研究	伝単散布方法、携行放声装置、放声宣伝車について研究し、かつ一部を製造しつつあった。

神奈川県生田の登戸研究所跡地は戦後、北里研究所や神奈川県日吉の校舎を接収されていた慶応大学予科が入っていたが、現在は明治大学生田校舎となっている。いくつかの研究所建物が残っているが、老巧化が進み建て替えが行われている。

GHQの二世の将校と下士官二人が伊那村に来たのは二十年十月下旬だった。二世将校と面接し、質問に答えた。登戸研究所に関する報告書はすでに篠田所長からGHQに提出されていたので、これにもとづく現地調査と、備品、保管品、試作研究品を調べ接収するためであった。折衝と査察は予想外の寛大さで行われ、威圧感は感じなかった。二世将校は日本語の語学力を備え、学識は技術屋のようでもあった。この時にはとくに尋問らしい尋問はなかったこともあって、恐怖はまったく覚えなかった。鑑識用具、郵信の開封関係器具は珍しかったのかたいへん興味を示していたのが記憶に残っている。

没収される機器の中に時計型時限爆発装置があった。二世将校は、残っていたすべての時限装置を眼前で爆破破棄するよう命じた。私は約一キロ先の天竜川と大田切川が合流する中洲で爆発を行うことにした。二世将校が爆破地から一キロほど離れた橋上で見守るなか、点火後五分で爆破することを伝え、正確に五分後爆破処分は成功した。そのごう音は村民を驚かせた。終了後、その二世将校は私に握手を求め「ベリー・グッド」の言葉を残して引き揚げた。

のちにこの時の部隊は、対敵防諜部隊CICの下部実働部隊である四一一支隊であったことがわかった。これはその後しばらくの間続いた、私とGHQとの最初の接点でもあった。

登戸研究所と伴繁雄

有賀　傳

川崎市生田の丘陵地帯に明治大学生田校舎がある。その全域と生田中学校を含む地域に、大東亜戦争中に陸軍登戸研究所が置かれていた。

第一次世界大戦以降、戦争の性格が大きく変化し、日本陸軍も秘密戦に使う兵器や資材を開発し製造することに力を入れていた。当時の陸軍は、支那事変の経験にかんがみ、将来戦の準備のため、諜報、宣伝、謀略および占領地行政、宣撫などに関わる「秘密戦要員」の養成が必要と考えており、彼らが使用する兵器・資材の調査研究、開発、製造、運用実験を担当したのが登戸研究所だったのである。ここで作られた兵器や資材は実際に中国大陸、アジア太平洋地域で使用された。

登戸研究所の職員は、所長以下、正規の将校や技術者からなり、それを近くの農家の人々が支援した。

最初の研究施設は、新宿の戸山ケ原（現在の新宿区戸山）に設置された陸軍科学研究所だった。

陸軍科学研究所は、大正八年四月十二日の勅令第百十号「陸軍科学研究所令」（四月十五日施行）により設立され、「兵器及兵器材料ニ関スル科学ヲ調査研究ス」という与えられた任務の遂行にあたってきた。

昭和十四年九月十六日の陸密第一五七〇号「陸軍科学研究所出張所ノ名称及位置ニ関スル件達」により

名称　陸軍科学研究所登戸出張所
位置　神奈川県川崎市生田
業務　一、特種電波ノ研究ニ関スル事項
　　　二、特種科学材料研究ニ関スル事項

が明示された。

しかし、諸般の軍事的要請に応えるため、昭和十六年六月十三日の勅令第六九六号「陸軍技術本部令」（六月十五日施行）により、陸軍科学研究所は、陸軍技術本部に統合された。本部には、総務部、第一部～第三部と、第一～第九研究所が設置された（後に、昭和十九年五月二十四日の軍令陸乙第二十七号により、同年六月第十研究所ができた）。

昭和十七年一月十五日陸密第一二四号により、陸軍技術本部第九研究所要員（特殊資材ノ製造業務要員）として、佐尉官二、兵技佐尉官一、技師二、兵技下士官三、技手三、主計下士官一の合計十二名が増加配属された。なお、「兵技下士官ノ内一名ハ電（機）工ノ下士官、二名ハ火工ノ下士官」と定められた。

さらに、昭和十七年十月九日の勅令第六七四号「陸軍兵器行政本部令」（十月十五日施行）により、陸軍省兵器局と陸軍技術本部が統合され、兵器の研究・製造から補給まで一切を統括する兵器行政本部が陸軍省の外局として発足した。

昭和十七年十月九日の勅令第六七八号「陸軍技術研究所令」（十月十五日施行）により、陸軍技術本部令は廃止され、同本部の各研究所は陸軍技術研究所となった。第一～第九陸軍技術研究所は、昭和十七年十月の軍令陸乙第二十七号により新設された。同軍令の陸軍技術研究所編制表によると、第九陸軍技術研究所の人員は次のように定められている。

所長は中（少）将で、所員は、佐尉官十五名、主計佐尉官二名、軍医佐尉官一名、薬剤佐尉官一名、獣医佐尉官一名、技師三名のほか、付主計尉官一名、準士官三名、下士官十名、主計下士官二名、衛生下士官二名、獣医務下士官一名、技手二十五名。この合計六十八名というのが当時の登戸研究所の規模であった。

支那事変が始まった昭和十二年（一九三七年）の十一月に生田にその一部が移転し登戸実験場と呼ばれた。翌十四年には規模を拡大し登戸出張所となるが、所在地から登戸研究所と俗称された。

昭和十七年十月に第九陸軍技術研究所となるが、その所管業務から十の陸軍技術研究所のなかでも特異な存在だった。登戸研究所は陸軍中野学校と緊密な連携をとり、秘密兵器・資材の運用実験には中野学校が協力していた。

前述の勅令第六七八号「陸軍技術研究所令」第一条には、「陸軍技術研究所ハ陸軍所要ノ兵器（航空兵器ヲ除ク、以下同ジ）及兵器材料（航空ニ関スルモノヲ除ク、以下同ジ）ノ調査、研究、考案、設計及試験竝ニ陸軍技術（航空関係ノモノ除ク）及科学ノ調査、研究及試験ヲ行フ所トス。陸軍技術研究所ハ前項ノ外固定無線所（航空ニ関スルモノヲ除ク）ノ施設、補修等ヲ行フ」と定められており、第九陸軍技術研究所もこれに基づいて業務を行った。

この勅令に基づいて昭和十七年十月十三日には陸達第六十八号（十月十五日施行）が出され、「陸軍技術研究所ノ所掌ニ関スル件」として第一～第八陸軍研究所の所掌業務は明示されているが、第九陸軍技術研究所の所掌業務についての記述はない。その後、昭和十九年五月二十六日に陸達第三十八号が出されたが、その第九条には第十陸軍研究所の所掌業務が示されている。なぜか第九陸軍技術研究所の記述はない。

第九陸軍技術研究所の主要な業務が、極秘兵器・資材に関する調査研究、考案、設計、試験等であり、秘匿を要するものであったからであろう。

登戸研究所は、戦争の拡大とともに増強され、戦争末期には十一万坪の敷地に千人の人員を擁していたといわれる。

伴繁雄氏によれば、登戸研究所は総務科と四つの科で編成されていた。

第一科は、物理関係の特殊兵器の研究を担当し、殺人光線という電磁波を使った兵器や、米国向けの最後の決戦兵器といわれた風船爆弾などを開発した。

第二科は、青酸ニトリールや蛇の毒、草の毒などあらゆる毒物、害虫、病原菌などの兵器化のための研究を担当していた。ここには、中国や米国の農作物に打撃を与えるための枯葉剤の研究も含まれていた。研究が動物実験段階で成功すると人体実験を行ったようで、本文中にも伴氏がそのために南京に出張した際の様子が詳しく書かれている。明治大学生田校舎の正門を入ったすぐのところに「動物慰霊碑」がある。こうした実験が行われていたことを示すものだろう。第二科の建物は現在も明治大学の研究室として使われている。

第三科は、国民政府の経済を攪乱するための偽造紙幣の研究・開発から製造までを担当した。ここで偽造された中国紙幣は四十五億元であったといわれ、陸軍の諜報・謀略要員によって上海などに運ばれ、軍需物資の購入や軍費にあてられたとのことである。

第四科は、特務機関や憲兵隊が必要とする兵器や資材を作っていた。

空襲の激化にともない、昭和十九年末から二十年四月の間に、登戸研究所の各部科は移転疎開した。本部・総務科・二科と四科の一部は長野県上伊那郡中沢村、宮田村に、一科と四科の一部は兵庫県氷上郡小川村に、三科は福井県武生町にそれぞれ移転し終戦まで業務を行った。

本書中で伴氏も書いているように、終戦時、陸軍中央部の指示により機密関係文書、兵器・資材などの破棄、湮滅が徹底的に行われた。そのため、登戸研究所に関する記録はほとんど残っていない。

私は、防衛庁防衛研究所で十年以上にわたって軍事史の調査研究を行ってきたが、本書の出版に際し、伴氏の記述内容の事実確認のための調査を行ったが、新たな史料の発見には至らなかった。

伴氏が、ご自身で残された資料と長年の研究所での体験や知識をもとに登戸研究所に関する克明な記録を残されたことは、ありのままの事実を後世の歴史の審判に応えようとする伴氏の執念のようなものではないかと感じる。

本書の著者、伴繁雄氏は、登戸研究所の前身である陸軍科学研究所時代から支那事変、大東亜戦争の終わりまで、篠田鐐氏とともに日本陸軍の秘密戦関係兵器の研究開発、運用に大きな役割を果たしてこられた。

また戦後は、十年余にわたり米軍の調査研究に協力され、また米国にも招聘され秘密戦関係兵器の調査研究、開発に協力された。

以下、伴氏が書き残した履歴書に沿って経歴を追ってみることにする。

伴繁雄氏は明治三十九年十月十日、愛知県一宮町に生まれた。昭和二年三月、浜松高等工業(現在の静岡大学工学部応用化学科)を卒業し、四月一日には陸軍科学研究所の雇員となり、第二部の篠田研究室に入った。昭和十二年三月には陸軍技手となり、その年の十一月九日から二十五日までの中華民国出張を皮切りに、十三年十一月四日~十二月六日と十四年九月四日~十月二十日の二度の満州国、十五年二月三日~三月四日の中華民国とそれぞれ出張している。

十六年三月十日に陸軍技師（陸軍科学研究所付）となり、五月九日から六月二十八日には中支那に出張。十月二十五日には文官から武官に転じ陸軍兵技大尉（陸軍技術本部付）に任ぜられ、十六年十一月二十二日から十二月十三日の間、南支那と仏領インドシナに出張している。十七年十月十五日に第九陸軍技術研究所所員となり、同年十二月二十日から十八年一月十六日まで中支那に出張している。

十八年四月十四日、篠田鐐陸軍少将とともに、秘密戦資材の研究開発の功績に対し東条英機陸軍大臣から陸軍技術有功章と金一封（一万円）を受ける。同年五月十日から六月二十五日まで昭南島、タイ、インドネシア、フィリピンに出張。

十九年七月十日の勅令第四四八号（八月十日施行）で陸軍技術少佐に進級、二十年九月四日待命となる。

戦後は、昭和二十一年長野県駒ヶ根市に上伊那農村工業研究所を開き所長となり、二十五年長野県の大明化学工業㈱の取締役、研究所長兼技術部長となる。二十六年には同社兼務のままアメリカ海軍横須賀基地のＧＰＳＯ（Goverment Printing Supplies Office）ケミカルセクションチーフを務め、三十年にアメリカ政府の招聘により渡米し、サンフランシスコに滞在して技術指導にあたる。帰国後の三十四年、大明化学工業㈱に復帰し、三十六年常務取締役、四十九年副社長、五十五年非常勤取締役を歴任し、平成三年十二月に同社を退いた。

大明化学工業㈱時代は、特許公告・公開・出願十二件のほか、ＪＩＳ表示許可工場、工業標準化・品質管理優良工場として、東京通商産業局長、工業技術院長、通商産業大臣から表彰を受けた。また、平成四年十月には、水処理凝集剤の発明・普及の功績により全国水道協会長から有功賞を受けた。

戦後は水処理凝集剤（ＰＡＣ）に関する本や『陸戦兵器総覧』（共著、図書出版社、昭和五十二年）を出版し、陸軍中野学校校友会誌に「陸軍登戸研究所の思い出」等を寄稿している。

平成五年十一月十四日没。享年八十七歳。

（元防衛庁防衛研究所所員）

秘密戦・謀略戦を考える意味

渡辺　賢二

伴繁雄氏の証言の意義

昭和二十年（一九四五年）八月十五日、陸軍省軍事課は次のような命令を発した。

陸軍省軍事課特殊研究処理要領

一、方針

敵ニ証拠ヲ得ラルル事ヲ不利トスル特殊研究ハ全テ証拠ヲ湮滅スル如ク至急処置ス

二、実施要領

1、ふ号及登戸関係ハ兵本草刈中佐ニ要旨ヲ伝達　直ニ処置ス（十五日八時三十分）

2、関東軍、七三一部隊及一〇〇部隊ノ件関東軍藤井参謀ニ電話ニテ連絡処置ス（本川参謀不在）

3、糧秣本廠一号ハ衣糧課主任者（渡辺大尉）ニ連絡処置セシム（十五日九時三十分）

4、医事関係主任者ヲ招置　直ニ要旨ヲ伝達処置ヲ小野寺少佐及山出中佐ニ連絡ス（九時三十分）

5、獣医関係、関係主任ヲ招置　直ニ要旨ヲ伝達ス土江中佐ニ連絡済（内地ハ書類ノ

ミ)

この史料は、軍事課に勤務していた新妻清一氏が所持していたものである。ここから、細菌戦部隊である七三一部隊や一〇〇部隊より前に、風船爆弾関係や登戸研究所に対して処理命令が出されていたことに注目したい。登戸研究所の研究内容はそれだけ秘密にしたかったことを示しているといえよう。実際、この命令を受けて登戸研究所の証拠隠滅が行われたという。

こうした事情から、戦後五十五年過ぎた今日でも、登戸研究所に関する一次資料は明らかにされていない。したがって、登戸研究所に関しては関係者の証言が貴重となるが、それとても、第一科が開発した風船爆弾についてまとめた草場季喜氏の「風船爆弾と決戦兵器」(日本兵器工業会編『陸戦兵器総覧』図書出版社、一九七七年)、佐竹金次氏の「電波兵器」(前掲書)、そして篠田鐐氏と伴繁雄氏がまとめた「登戸研究所の秘密」(前掲書)や、第三科の中心となって偽造紙幣の研究・開発・製造を行った山本憲蔵氏の『陸軍贋幣作戦』(徳間書店、一九八四年)などがあるだけで十分ではなかった。

本書は、登戸研究所の創設期から敗戦による解散までの経緯を知る伴氏が、いままで口をふさいできた事実を初めて明らかにした内容も多く、極めて史料価値の高いものといえよう。

登戸研究所は、秘密研究所であったことと関係し、所内でも他のセクションについては厳格な秘密保持が求められていた。特に、第三科の回りには三メートルぐらいの高い塀がはりめぐらされていた。したがって、伴氏といえども全貌を知る機会はなかった。そこで伴氏は、自身が知らないセクションについては、第一科は山田愿蔵氏、第二科は松川仁氏、久葉昇氏の手記を所収し、その弱点を補っている。これも、事実をありのままに伝えたいという伴氏の姿勢の表れとみることができよう。

ところで、この種の証言は、事実の改竄や誤認などがありうることも検討してみなくてはならないという課題がある。その点では、伴氏が科学技術者として事実にもとづく史料によって記述していることをまず第一に評価したい。例えば本書一七五頁に「仏領サイゴンで真珠湾奇襲を聞く」という項がある。ここに秘密兵器輸送のための出張の記述がある。「昭和十六年十月二十二日」に篠田所長から出張命令が出され、「十一月二十五日」に門司港を出たと記されている。この事実について、私自身が調査中に提供された第二科に関する『雑書綴』にあった出張関係書類と照合してみたい。そこには次のような書類がある。

昭和十六年十一月二十一日

陸軍技術本部長

陸軍運輸部長　佐伯文郎殿

乗船請求書

一、所属部隊及び官氏名　　陸軍技術本部陸軍兵技大尉　伴　繁雄

雇員　高柳良雄

一、旅行ノ性質　　特殊器材宰領並ニ指導ノタメ

一、乗船地　　門司

一、上陸地　　基隆

一、乗船月日　　　　　昭和十六年十一月二十五日
一、旅費支出科目　　臨時軍事費

本書の記述は記憶に頼っている部分もあるので史料分析は必要であるが、十分信憑性があることがわかる。自らの記録をもとに記述している表れであろう。

第二に、自らの「負」の部分についても記述している点についてである。本書八一頁に「人体実験のため南京に出張」という項がある。これまで沈黙していた伴氏自身の体験をここで初めて証言していることは貴重である。また、九七頁からの「久葉昇の手記」も、久葉氏自身が風船爆弾作戦の対米細菌戦計画が実施されていたことを証言しているものとして重要である。伴氏の、事実に謙虚に生きようとする姿勢を評価したい。

秘密戦・謀略戦研究の課題

これまで、七三一部隊や登戸研究所に関する出版物には、「人体実験」などにウエイトをかけて記述されているものが多かった。そのため、秘密戦・謀略戦が現代戦において果たす役割が明らかにされず、特殊なものとして評価されていた。たとえば、風船爆弾などは「奇想天外な兵器」とし軽視され、偽造紙幣作戦も「効果のなかった」代表のように見なされていた。しかし本書を読むと、そうした見方がいかに一面的なものかがわかる。

秘密戦とは、諜報・防諜・謀略などを行うことをいい、現代戦では重要な位置づけをもっているのである。そして、これらの兵器の帰趨は科学兵器の研究・開発・製造の水準によって決

まる。したがって、こうした分野は日本だけでなく、世界的に展開されたものとして認識する必要があろう。むしろ日本は、本書からわかるように、遅れてこうした分野の兵器の研究・開発・製造を始めたのである。

そして、登戸研究所こそ、日本最初の秘密戦研究所であったことを知ることが重要である。それだけに、戦争期にあっては参謀本部直轄に位置づけられ、他に絶対に知られてはいけない場所だった。当時の関係者からの聞き取りによると、研究内容を明らかにしなくても「臨時軍事費」で金がもらえたという。

こうした秘密戦の分野では、必然的に非人道的な兵器の研究・開発もなされ、その過程で「人体実験」のような、これまた非人道的な実験も行われた。これらは現代戦そのものが生み出す戦争悪ととらえる必要があると考える。七三一部隊や登戸研究所の関係者は一人も戦犯にならなかった。それは米軍に資料を提供したことによる免訴であった。ここに秘密戦・謀略戦の本質がある。一九四五年八月十五日に日本は戦争を終結したが、秘密戦・謀略戦の構造は終わらず、米軍に引き継がれたのである。

こうした戦争を人間がいかに抑止できるかは非常に難しい課題であろう。しかし、「戦争を生み出したのも人間ならば、戦争を廃棄できるのも人間である」という立場から、人間の倫理性や科学の平和利用のあり方を研究することが二十一世紀の課題となろう。

秘密戦・謀略戦を研究する場合、通常の戦争の構造との相互補完関係を重視することが求められる。いままで、こうしたことが軽視されていたため、登戸研究所や七三一部隊が特殊性をもって論じられる傾向があった。これでは戦争の実相は見えてこないだろう。例えば、登戸研究所の開発した無線機や秘密インキ、捜査器材（六七～六八頁）が満州の憲兵隊に引き渡され、それによって憲兵隊が抗日の中国人などをスパイ容疑で捕らえて七三一部隊に特移扱として送ったのである。七三一部隊ではそうした捕虜を「マルタ」と称して「人体実験」したのである。さらに、そうした実験を経て細菌戦を実行したのである。登戸研究所が最も重視した偽造紙幣作戦も中国打通作戦の戦費として使われたことなどもその例である。七三一部隊は単独に存在せず戦争全体の構造の一部であった。登戸研究所もそうした位置づけの中で研究する必要があろう。

次に、秘密戦・謀略戦の兵器開発研究の国内構造についてである。本書二七～二八頁にあるように、登戸研究所の研究は全国の優秀な科学者の協力によって行われていた。また、本書ではふれられていないが、登戸研究所の雇員・工員の多くは川崎市域から通ってくる青年男女であった。このことは、登戸研究所が一面で地域によって支えられていたことを意味する。ここからも、こうした研究所を「特殊性」ととらえてはいけないという課題を提起していると考える。読者が、自分自身に深い関わりのある問題として引きつけて本書を読まれることを期待したい。

未来への伝言として

伴氏は、本書の「まえがき」で、「登戸研究所と共に生き、秘密戦の研究に生涯を捧げた人間として、たとえ未熟なものであっても『歴史の証人』として後世に残しておきたかったのである」と述べている。この言葉は、若い世代に伝えたいというメッセージであろう。

伴氏は、一九八九年八月五日、長野県駒ヶ根市にある赤穂高校平和ゼミナールのメンバーと顧問の木下健蔵先生による聞き取りに応じている。その時、聞き取りをした高校生は、「その語り口はとても穏やかで、私たちのために当時のようすを話してくれている姿を見ていると、孫を相手に昔のことを話している、どこにでもいるおじいさんという印象」だったと述べている。

それ以降、高校生の取材を数回にわたって受けているが、丁寧にしかも事実にもとづいて登戸研究所の実相について語ってくれたという。そうした内容に触発され、川崎市の法政二高平和研究会と赤穂高校平和ゼミナールの研究交流が進み、『高校生が追う　陸軍登戸研究所』（教育史料出版会、一九九一年）の出版にまで発展したのである。こうした若い世代の活躍に伴氏は一貫して暖かい励ましを与えてくれた。それは、登戸研究所の真実を伝えたいという思いから出たものであったのだろう。

登戸研究所が解体されてすでに半世紀以上の歳月が過ぎた。すでに当時の将校の方々の多くは鬼籍に入られた。実際の聞き取りによる追体験はかなり困難になった。それだけに、伴氏の残した本書がもつ、未来への伝言としての意味は大きい。

登戸研究所の跡地は現在、明治大学生田校舎となっている。理工学部と農学部のきれいなコンクリートの高い校舎ができ、過去の面影はほとんどなくなっている。しかし、よくよく探すと、偽造紙幣をつくった木造の建物や、伴氏の担当した第二科のコンクリートの建物、毒物実験で犠牲になった動物を慰霊する碑などが残っている。

二十世紀は「戦争の世紀」であった。二十一世紀を「平和な世紀」にするために伴氏のメッセージを受けとめるとともに、登戸研究所を戦争遺跡として保存することが求められているのではないだろうか。

（法政大学第二高等学校教諭）

あとがきにかえて

伴繁雄は、終戦まで軍人技術者として陸軍登戸研究所に在職しました。厳重な秘密で覆われた研究所で、軍関係者でもその存在を知る人はごくわずかだったと聞いております。戦後五十年が経ち、平和な時代となりました。伴は戦後、水道用凝集剤製造会社に技術者として勤め、技術開発の責任者として仕事は多忙でした。仕事が一段落した頃から、伴は、忘れてはいけない事実として研究所の記録をまとめ、後世に残しておきたいと考え続けてきたようです。

本格的な執筆は、昭和六十三年に会社の技術開発責任者の職を退いてからでした。しかし、執筆を始めてみると、登戸研究所の資料はすべて終戦時に焼却されていて、研究所の全体像を描くのは困難でした。

それでも伴は、かつての同僚の方々の記憶と、断片的な記録資料から研究所の全体を復元することをあきらめず、思いついては原稿用紙に向かう日々が続きました。

その頃、戦時中の科学技術を研究されている神奈川大学の常石敬一先生の訪問を受けました。戦時中、伴が軍医学校から譲り受けた石井式濾水器の濾水管を長野の家に保存していたのをお知りになり、事情を聞きに来られたのです。それがきっかけで常石先生の協力を頂くことができました。アメリカの国立公文書館のＧＨＱファイルから戦後の伴の尋問調書も発見して頂くなど、貴重な裏付け調査をお手伝い下さいました。

私も原稿の整理や清書を手伝いながら書斎で伴とともに過ごす日々が続いた昭和六十二年、伴は一過性脳虚血性発作で倒れました。体調を崩すことの多くなった伴でしたが、原稿が仕上がっていくにつれて、それまでなかったように生き生きとしてきました。

原稿執筆は順調に進み、平成四年には、執筆のために集めていた大量の秘密戦関係書籍を自衛隊調査学校に寄贈させて頂きました。

平成五年十一月、原稿第一稿がほぼ完成しましたが、その直後の十四日、伴は自宅で急逝しました。数日前から「晴々とした気分だ」と申しておりましたが、長い間の肩の荷を下ろし責任を果たせたことでホッとしていたようです。

伴は、研究所で実験中に若い同僚を事故死させてしまったことや、戦時中とはいえ、専門とする毒物の研究開発で、中国人の人命を奪う人体実験に関わったことに、技術者として悔悟の念を抱き続けておりました。また、教官を兼務していた中野学校の生徒が、ひっそりと戦地に向かう姿が心に焼き付いて離れないとも語っていました。こうした事実を記録として残さなければならないという伴の思いが、五年余にも及んだ執筆を可能にしたのだと思います。

伴は根っからの技術者で、口下手を自認しておりました。そのためか、多くの方から誤解されることもありました。さまざまな取材や質問にも「そのうち必ずお話する」とだけ答えていたようです。

伴が逝った後、これを世に出すことが残された私の使命と信じ、原資料との照合、推敲などの作業を進めてまいりました。思いのほか時間がかかりましたが、ようやく完成させることができました。伴は自らの記憶に忠実に、飾りのない文章を残しました。伴の思いは十分に伝わるものと思います。

最後になりましたが、本書が完成するまでには多くの方々のご協力を頂きました。鎌倉の不識庵住職、藤井宗哲先生は出版を熱心に勧めて下さいました。元防衛庁防衛研究所の有賀傳氏、法政大学第二高等学校の渡辺賢二先生からは、伴の原稿全体にわたり貴重なご助言を頂き、解説まで書いて頂きました。また、伴の同僚だった松川仁さん、久葉昇さん、山田愿蔵さんにはそれぞれの専門分野の原稿を寄稿して頂きました。出版元をお引き受け下さった芙蓉書房出版の平澤公裕社長には、工夫を凝らした編集をして頂きました。

皆様方のご協力に厚く御礼申し上げます。

平成十二年十一月十四日

伴繁雄七回忌の日に

伴　和　子

著者略歴

伴　繁雄（ばん　しげお）

明治39年10月10日、愛知県一宮町に生まれる。昭和2年3月、浜松高等工業（現在の静岡大学工学部応用化学科）卒業、4月1日には陸軍科学研究所（のちの登戸研究所）の雇員となる。昭和12年陸軍技手、16年陸軍技師、兵技大尉、19年陸軍技術少佐。戦後は、21年に上伊那農村工業研究所を開き所長、25年大明化学工業㈱研究所長兼技術部長、常務取締役、副社長を歴任。平成5年11月14日没。

陸軍登戸研究所の真実（りくぐんのぼりとけんきゅうじょ　しんじつ）〈新装版〉

2010年7月28日　第1刷発行
2021年8月3日　第4刷発行

著　者
伴　繁雄（ばん　しげお）

発行所
㈱芙蓉書房出版
（代表　平澤公裕）
〒113-0033東京都文京区本郷3-3-13
TEL 03-3813-4466　FAX 03-3813-4615
http://www.fuyoshobo.co.jp

印刷・製本／モリモト印刷

ISBN978-4-8295-0489-5